W0317470

Elemente der Mathematik

EdM

Klassenarbeitstrainer

Nordrhein-Westfalen **8**

Herausgegeben von
Friedrich Suhr
Werner Ladenthin
Matthias Lösche

Elemente der Mathematik

EdM

Klassenarbeitstrainer

Nordrhein-Westfalen **8**

Herausgegeben von
Friedrich Suhr, Werner Ladenthin, Matthias Lösche

Bearbeitet von
Marco Bräuer, Martin Brüning, Dr. Holger Reeker, Kerstin Schäfer, Ellen Voigt
unter Mitarbeit von Rachid El Araari, Gudrun Kopka und Dirk Schulze

Bildquellen:
Umschlag: Thinkstock, Sandyford/Dublin (Purestock); 13.1 ff.: Getty Images, München (Dorling Kindersley); 93.1: Stefan Giertzsch, Werder (Havel); 93.2: Intro, Berlin (Mike Schmidt); 93.4: fotolia.com, New York (Nikolai Sorokin); 93.5: cycle union, Oldenburg; 99.1: fotolia.com, New York.

westermann GRUPPE

Druck A^2 / Jahr 2018
Alle Drucke der Serie A sind im Unterricht parallel verwendbar.

Redaktion: Stefan Giertzsch, Werder (Havel)
Illustrationen: Dietmar Griese, Laatzen; Hans-Jürgen Feldhaus, Münster
Zeichnungen: Sebastian Giertzsch, Werder (Havel)
Umschlaggestaltung: LIO Design GmbH, Braunschweig und Sandra Grünberg, Braunschweig
Innenlayout: JANSSEN KAHLERT Design & Kommunikation GmbH, Hannover und Sandra Grünberg, Braunschweig
Satz: imprint, Zusmarshausen
Druck und Bindung: westermann druck GmbH, Braunschweig

ISBN 978-3-507-**23088**-0

Inhaltsverzeichnis

Liebe Schülerin, lieber Schüler,

vor dir liegt der passende Klassenarbeitstrainer zu deinem Mathematik-Schulbuch EdM.

Auf den ersten Seiten bekommst du **Tipps zur Vorbereitung einer Klassenarbeit:**
- Tipps zum Unterricht und zum Umgang mit Hausaufgaben
- Tipps zum Arbeiten mit einem Lernplan
- Tipps zu Lerntechniken
- Tipps zum Lösen von Sachaufgaben

Außerdem findest du hier einen **Klassenarbeitsplaner**, in den du eintragen kannst, wann du die nächste Klassenarbeit schreibst und was du bis dahin noch üben willst.

Die erfolgreiche Vorbereitung auf eine Klassenarbeit besteht aus drei Schritten:
Verstehen – Üben – Können.
Entsprechend ist dieser Klassenarbeitstrainer aufgebaut: Zum Verstehen und Üben gibt es die blauen Seiten; danach kannst du dein Können testen, indem du die Übungsklassenarbeiten auf den weißen Seiten bearbeitest.

Verstehen und Üben (blaue Seiten)

In den **Informationskästen** werden alle wichtigen Regeln und Begriffe mit Beispielen noch einmal erklärt.
Direkt im Anschluss findest du abwechslungsreiche **Aufgaben zum Üben** des Lernstoffes.
Sollteist du bei der Bearbeitung einer Aufgabe einmal nicht weiter kommen, helfen dir manchmal die Tipps auf den Notizzetteln. Oder schaue noch einmal in den Informationskästen nach.

Übungs-Klassenarbeiten (weiße Seiten)

Wenn du genug geübt hast und dich sicher fühlst, dann kannst du als Test eine **Übungs-Klassenarbeit** schreiben. Oben auf jeder Klassenarbeit sind die Themen angegeben, die in dieser Klassenarbeit behandelt werden. Außerdem ist dort eine Zeitangabe, in welcher Zeit die Klassenarbeit bearbeitet werden soll. Achte darauf, dass du diese Zeit einhältst, denn nur so kannst du dich wirklich testen.
Fast alle Übungs-Klassenarbeiten enthalten auch eine Aufgabe zur Wiederholung mit Stoff aus früher behandelten Inhalten. Bei jeder Aufgabe ist ihre Punktzahl angegeben. Anhand der Lösungen kannst du ermitteln, wie viele Punkte du erreicht hast und was du noch üben musst.
Die meisten Aufgaben kannst du direkt im Klassenarbeitstrainer lösen. Solltest du aber einmal nicht genug Platz finden, dann nimm einfach dein Heft zur Hand.

Lösungsteil

Hinten im Klassenarbeitstrainer findest du die **Lösungen** zu allen Übungsaufgaben und Übungsklassenarbeiten. Du kannst deine bearbeiteten Aufgaben und Klassenarbeiten eigenständig kontrollieren oder jemand anderen bitten es zu tun. Anhand der Smileys ☺ 😐 ☹ kannst du deinen Erfolg messen und erkennen, wie viel du noch üben musst.
Solltest du eine Klassenarbeit nicht vollständig lösen können, so findest du im Lösungsteil eine Tabelle *Zum Nacharbeiten*, in der angegeben ist, auf welchen Seiten im Schulbuch du die entsprechenden Inhalte noch einmal wiederholen kannst.

Wir wünschen dir viel Erfolg und Freude beim Üben für die nächste Klassenarbeit!

Lern-Hilfen zur Vorbereitung auf die Klassenarbeit

Lern-Tipps

1. Tipps zum Unterricht

- Gehe (nicht nur am Tag der Klassenarbeit) ausgeschlafen und mit einem guten Frühstück zur Schule. Dann kannst du dich im Unterricht besser konzentrieren.
- Bereite die notwendigen Materialien zu Hause vor: Bleistift spitzen, leere Füllerpatronen ersetzen, neues Heft einpacken.
- Verfolge den Unterricht aufmerksam und stelle Fragen. Notiere Fragen, die zu Hause auftauchen, in dein Heft.
- Führe dein Heft sauber und übersichtlich wie im Beispiel rechts zu sehen (Überschrift, Datum, Wichtiges hervorheben, Buchseite und Nummer der Aufgabe).
- Lerne Fachbegriffe und ihre Bedeutung auswendig. (Nicht nur im Englischunterricht muss man Vokabeln lernen.)
- Regelmäßige Kopfrechenübungen erhöhen das Rechentempo. Vielleicht kann dir jemand beim Üben helfen.
- Hole Inhalte, die du wegen Krankheit versäumt hast, möglichst bald und gründlich nach.

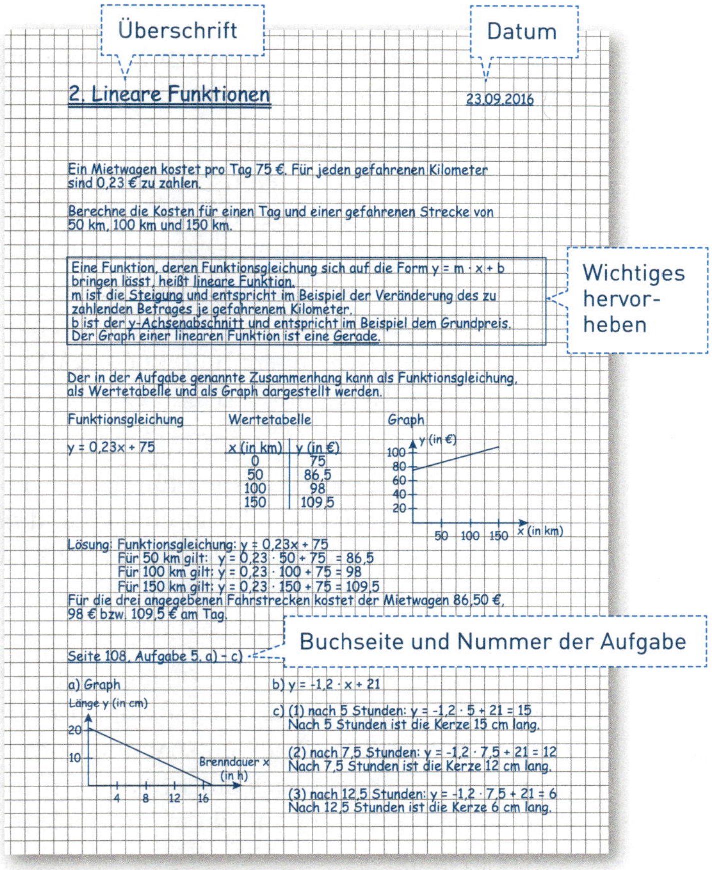

2. Tipps zum Umgang mit Hausaufgaben

- Notiere dir die gestellten Hausaufgaben in der Schule immer sofort in dein Hausaufgabenheft.
- Schiebe das Erledigen von Hausaufgaben nicht auf. Erstelle dir zu den Hausaufgaben aller Fächer einen Zeitplan.
- Lies dir vor der Bearbeitung der Hausaufgabe den Stoff der letzten Stunde im Heft nochmal durch. Auch die zugehörige Seite im Buch kann dir bei der Erledigung der Hausaufgabe helfen.
- Gib bei Schwierigkeiten nicht gleich auf. Auch Ansätze und Ideen helfen weiter und sollten unbedingt aufgeschrieben werden.
- Hab keine Angst vor Fehlern. Sie können dir sogar helfen, den Stoff letztendlich noch besser zu verstehen.
- Besprich Schwierigkeiten, die du hast, mit Mitschülern und Freunden. Wenn ihr die Schwierigkeiten nicht gemeinsam klären könnt, fragt euren Lehrer oder eure Lehrerin.
- Korrigiere fehlerhafte Hausaufgaben nach der Besprechung im Unterricht zu Hause. Korrigierte Hausaufgaben helfen dir beim Lernen für die nächste Klassenarbeit.

3. Tipps zur Vorbereitung auf die Klassenarbeit

Die Vorbereitung auf die nächste Klassenarbeit beginnt **in der ersten Stunde nach der letzten Klassenarbeit.** Hier werden nämlich wichtige Fehler besprochen, die du in Zukunft vermeiden kannst.
Der aktuell behandelte Mathematik-Stoff ist sicher ein Thema für die nächste Klassenarbeit. Wenn du gleich gut mitarbeitest, ist das eine gute Grundlage für die nächste Klassenarbeit.

Rechtzeitig **vor der Klassenarbeit** (d.h. etwa 1 bis 2 Wochen vorher) solltest du konkrete Vorbereitungen treffen und wichtige Lernstrategien beachten:

- **Ordentlicher Schreibtisch:**
  Du kannst z.B. den Schreibtisch zu Beginn ganz leer räumen und die Dinge dann an ihren aufgeräumten Platz legen. Brauchst du wirklich alles auf dem Schreibtisch? Sortiere überflüssige Dinge aus. Suche dir die zum Lernen notwendigen Unterlagen zusammen: Heft, Buch, KA-Trainer, kariertes Papier, Stifte, Geodreieck.

- **Zeitplan:**
  Am besten baust du feste Zeiten fürs Lernen in deinen Stundenplan ein. Möchtest du lieber allein arbeiten oder einen Freund oder eine Freundin dabei haben? Brauchst du vielleicht Hilfe?
  Sorge dafür, dass du ungestört lernen kannst. Am besten schaltest du dein Handy und deinen Computer in dieser Zeit aus.
- **Entspannung:**
  Bewegung fördert das Lernen. Du könntest dir Lerninhalte z.B. bei einem Spaziergang aufsagen oder einfach zwischendurch eine Runde Sport treiben. Plane Entspannungsphasen ganz bewusst ein. Denke dir für die Zeit nach einer intensiven Lernphase eine kleine Belohnung aus. Dann lernst du in Vorfreude auf die Belohnung mit einem positiven Gefühl - das hilft!

- **Einteilen des Lernstoffs:**
  Beginne mit den Grundlagen, mit dem Leichteren. Diesen Stoff findest du meist am Anfang des Themas auf den blauen Seiten im Heft und auf den ersten Seiten des Themas im Schulbuch.
  Gehe die Aufzeichnungen in deinem Heft durch. Markiere Wichtiges (Textmarker) oder schreibe es heraus. Lies dir im Buch oder im Klassenarbeitstrainer die Informationskästen und die Beispiele mit den Lösungen aufmerksam durch.
  Stelle den Lernstoff in einer übersichtlichen Form zusammen. Wo kannst du an bekanntes Wissen anknüpfen?
- **Lerntechniken:**
  Erprobe verschiedene Methoden: Spickzettel schreiben (für die Zeit vor der Klassenarbeit!), Lernplakate, Karteikarten mit dem Grundwissen oder mit Regeln. Finde die zu dir passende Methode.
  Häufig ist es hilfreich, die Lerninhalte in einer anderen Form darzustellen: Kannst du zu einem Inhalt eine Zeichnung anfertigen? Hilft dir eine Tabelle oder eine Stichwortliste? Vielleicht kannst du dir den Inhalt mit einem Diagramm besser merken.
- **Hausaufgaben:**
  Bearbeite noch einmal die alten Hausaufgaben. Löse die Aufgabe erst allein und vergleiche dann die Ergebnisse.

- **Übungsaufgaben:**
  Bearbeite die passenden **Übungsaufgaben** in deinem Klassenarbeitstrainer (auf den blauen Seiten). Hierzu findest du sämtliche Lösungen hinten im Heft. Löse die komplexen Aufgaben erst, wenn du die Grundlagen beherrschst.
  Nutze außerdem die Seite „Bist du fit?“ in deinem Schulbuch. Dazu gibt es hinten im Buch auch die Lösungen. Auf den Seiten „Das Wichtigste auf einen Blick“ im Schulbuch sind die Inhalte des Kapitels noch einmal kurz zusammengefasst.
  Aufgaben in Prüfungsform (also die **Übungs-Klassenarbeiten** aus deinem Klassenarbeitstrainer) gehören in die **letzte Phase der Vorbereitung**. Hierbei solltest du mit einer Uhr die Zeit kontrollieren. Achte darauf, dass du die gesamte Klassenarbeit in einem Stück bearbeitest – nur so kannst du dich in einer prüfungsähnlichen Situation testen.
  Auf den Seiten 9/10 findest du einen Klassenarbeitsplaner, der dir bei der Vorbereitung dieser Übungsphase helfen kann.

Am Tag vor der Klassenarbeit:
Heute solltest du nichts Neues mehr lernen. Wiederhole nur Bekanntes und sorge dafür, dass du rechtzeitig ins Bett gehst. Nur wenn du ausgeschlafen bist, bist du zu 100 % leistungsfähig.

4. Tipps zum Arbeiten mit einem Lernplan

Du kannst dir die Vorbereitung der Klassenarbeit in mehrere Zeitabschnitte einteilen. Erstelle dir einen Lernplan.
Ein vernünftiger Lernplan reduziert die Prüfungsangst und den Stress in der Vorbereitungszeit.

Hier ist ein möglicher Vorschlag, wie ein Lernplan aussehen könnte. Erstelle aber lieber deine eigene Version, die noch besser zu dir passt.

Tag/Datum	Zeit	Was lerne ich?/Was bereite ich vor?	erledigt
Mi, 23.10.	15:00	Schreibtisch aufräumen und Plan für die Wiederholungen aufstellen	
Do, 24.10.	16:00	Heft durchgehen, Wichtiges markieren, Thema im Buch durchlesen, Fragen notieren	
Fr, 25.10.	15:00	Alte Hausaufgaben zum Thema bearbeiten	
Sa, 26.10.	13:00	Hausaufgaben mit Fehlern erneut bearbeiten, Aufgaben aus dem Abschnitt „Verstehen und Üben“ (Klassenarbeitstrainer) bearbeiten	
...	...	...	
Mo, 28.10.	15:00	Übungs-Klassenarbeit (Klassenarbeitstrainer)	

5. Mathematische Tipps

Die folgenden Tipps sollen dir dabei helfen Rechenfehler zu vermeiden und Strategien aufzeigen, mit denen du Sachaufgaben erfolgreich bearbeiten kannst.

- **Rechenaufgaben:**

Beispiel: $9{,}6\,m^2 : 3{,}1\,m$

Tipp 1: Benutze Überschläge.

Überschlag: $9 : 3 = 3$

Tipp 2: Berechne das Ergebnis und beachte Einheiten.

$9{,}6\,m^2 : 3{,}1\,m = 3{,}096...\,m$

Tipp 3: Runde sinnvoll.

$3{,}0967\,m \approx 3{,}1\,m$

Tipp 4: Vergleiche dein Ergebnis mit deinem Überschlag.

$3{,}1 \approx 3$

- **Sachaufgaben:**

Beispiel: Baugrube

Tipp 5: Lies die Aufgabe sehr genau durch. Lies sie noch einmal, wenn du nicht weiter kommst.

Die Baugrube eines Ausstellungspavillons hat die Form eines dreiseitigen Prismas. Die Grundseite des Dreiecks ist 30 m, die Höhe auf der Grundseite ist 40 m lang. Das Prisma hat eine Höhe von 120 cm. Wie viel m^3 Erde werden ausgebaggert?

Tipp 6: Skizziere den Sachverhalt.

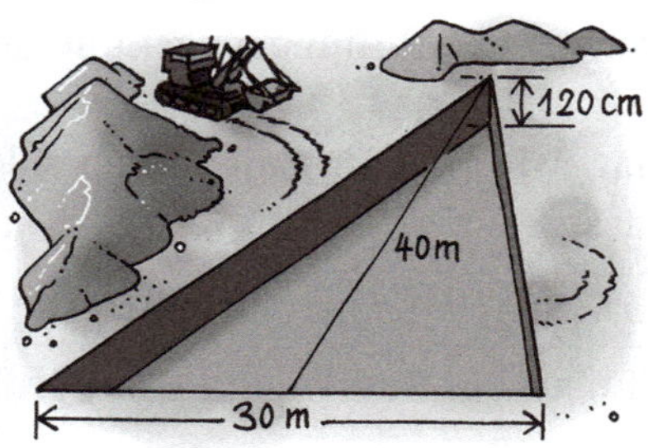

Tipp 7: Notiere die gegebenen und gesuchten Größen. Prüfe, ob du Einheiten umrechnen musst.

Gegeben: $g = 30\,m$
$h_g = 40\,m$
$h_P = 120\,cm = 1{,}2\,m$

Gesucht: V in m^3

Tipp 8: Überlege, welche Formeln zur Lösung benötigt werden. Notiere sie, setze die gegebenen Größen ein und berechne.

Lösung: $V = G \cdot h$

$G = \frac{1}{2} \cdot g \cdot h_g$

$G = \frac{1}{2} \cdot 30\,m \cdot 40\,m$

$G = 600\,m^2$

$V = 600\,m^2 \cdot 1{,}2\,m$

$V = 720\,m^3$

Tipp 9: Prüfe, ob das Ergebnis realistisch ist und die Einheiten richtig sind. Notiere einen Antwortsatz.

Antwort: Es müssen $720\,m^3$ Erde ausgehoben werden.

Klassenarbeitsplaner

Klassenarbeit am ______________________

Übungs-Klassen-arbeit	Bearbeiten bis	Erledigt am	Ergebnis			Folgende Seiten im Schulbuch wiederholen	Bearbeiten bis	Erledigt am
			☺	😐	☹			
1.1								
1.2								
1.3								

Klassenarbeit am ______________________

Übungs-Klassen-arbeit	Bearbeiten bis	Erledigt am	Ergebnis			Folgende Seiten im Schulbuch wiederholen	Bearbeiten bis	Erledigt am
			☺	😐	☹			
2.1								
2.2								
2.3								

Klassenarbeit am ______________________

Übungs-Klassen-arbeit	Bearbeiten bis	Erledigt am	Ergebnis			Folgende Seiten im Schulbuch wiederholen	Bearbeiten bis	Erledigt am
			☺	😐	☹			
3.1								
3.2								
3.3								

Klassenarbeit am ______								
Übungs-Klassen-arbeit	Bearbeiten bis	Erledigt am	Ergebnis			Folgende Seiten im Schulbuch wiederholen	Bearbeiten bis	Erledigt am
			☺	😐	☹			
4.1								
4.2								

Klassenarbeit am ______								
Übungs-Klassen-arbeit	Bearbeiten bis	Erledigt am	Ergebnis			Folgende Seiten im Schulbuch wiederholen	Bearbeiten bis	Erledigt am
			☺	😐	☹			
5.1								
5.2								

Klassenarbeit am ______								
Übungs-Klassen-arbeit	Bearbeiten bis	Erledigt am	Ergebnis			Folgende Seiten im Schulbuch wiederholen	Bearbeiten bis	Erledigt am
			☺	😐	☹			
6.1								
6.2								

1. Terme mit mehreren Variablen

Zum Aufwärmen: Verstehen und Üben

Aufstellen eines Terms mit Variablen

Information

Terme lassen sich wie folgt unterscheiden:

a) **Terme mit einer Variablen** sind Zahlen und Variablen, die durch eine Rechenvorschrift miteinander verbunden sein können. Je Term kommt nur eine Variable vor.
Beispiele:
$2 \cdot x$; $\frac{1}{y}$; $2 - 2019 \cdot z$; $1\,000\,000 \cdot x$; $2 : z - z$

b) **Terme mit mehreren Variablen** liegen vor, wenn ein Term mehrere Variablen enthält.
Beispiele:
$x + 1 - y$; $2x + y$; $(3 - x) \cdot y$; $(x - 14) + 17 \cdot y$

Setzt man für die Variablen Zahlen ein, so erhält man den **Wert** dieses Terms.
Beispiel:
$(x - 14) + 17 \cdot y$; $x = 20$; $y = 5$
$(20 - 14) + 17 \cdot 5 = 6 + 85 = 91$

1. Erstelle aus den Zahlen –3 und 44 sowie den Variablen y und w unter Nutzung der Grundrechenarten (Addition, Subtraktion, Multiplikation und Division) mindestens drei Terme mit mehreren Variablen.

....

Information

Wir wollen mithilfe von Termen Flächeninhalte geometrischer Formen ausdrücken. Gegeben ist ein rechteckiges Stück Blech mit den Seitenlängen a und b ($a = 9\,cm$ und $b = 6\,cm$).

Jetzt werden an den Ecken gleichgroße Quadrate der Seitenlänge c herausgestanzt. Biegt man die Randstücke hoch, so erhält man eine nach oben offene Schachtel.

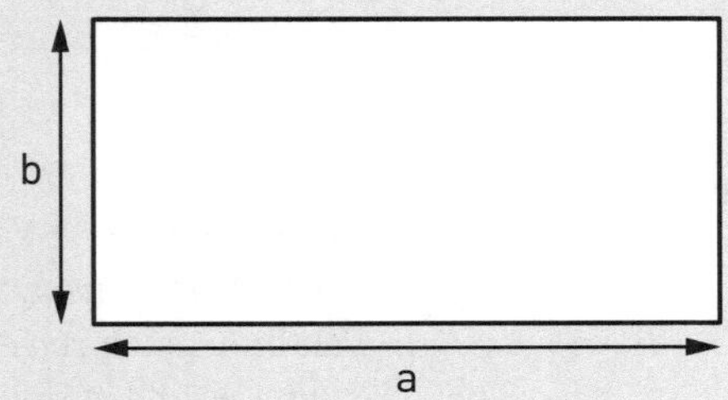

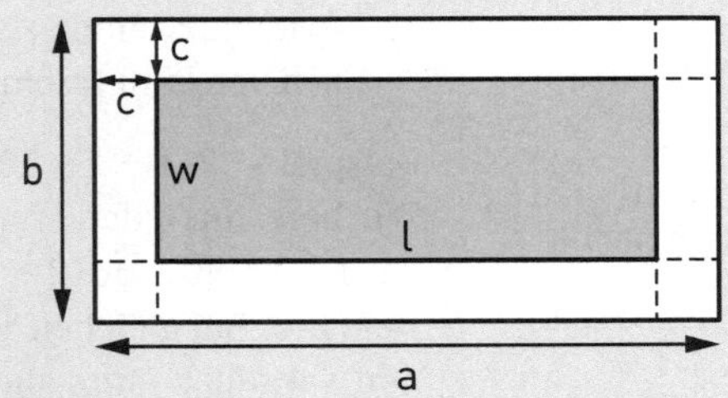

Es soll ein Term (Formel) mithilfe der Variable c angegeben werden, mit dem man den Flächeninhalt der blauen Grundfläche der offenen Schachtel berechnen kann.

Schritt 1: Wie sehen Beispiele für die Berechnung aus?

Soll $c = 2\,cm$ sein, dann ergeben sich für die Länge **l** und die Breite **w** der inneren Fläche: Länge: $l = 9\,cm - 2 \cdot 2\,cm = 5\,cm$,
Breite: $w = 6\,cm - 2 \cdot 2\,cm = 2\,cm$.
Der Flächeninhalt der blauen Grundfläche beträgt dann $A = 5\,cm \cdot 2\,cm = 10\,cm^2$.

Schritt 2: Was ändert sich, was nicht?

Es ändert sich jeweils die Länge des ausgestanzten Stücks (2 cm) als Ausgangsgröße, aus der sich der Flächeninhalt der blauen Grundfläche als zugeordnete Größe berechnen lässt. Die Seitenlängen des Stücks Blech ändern sich dabei nicht. Man muss aber darauf achten, dass c stets kleiner als die Hälfte der kürzesten Seitenlänge des Stücks Blech sein muss.

Schritt 3: Wie kann man die Berechnung mit Variablen ausdrücken?
Wählt man für die Länge des ausgestanzten Quadrates die Variable c, so gilt für die Länge $l = 9 - 2 \cdot c$ und für die Breite $w = 6 - 2 \cdot c$. Man kann folglich den Flächeninhalt der blauen Grundfläche A als Zielgröße mithilfe der folgenden Formel berechnen: $A = (6 - 2 \cdot c) \cdot (9 - 2 \cdot c)$.
Dabei muss gelten, dass c kleiner als 3 ist.

2. Berechne das Volumen der im obigen Beispiel entstandene Blechschachtel für $c = 1\,\text{cm}$.

3. Bestimme in den folgenden Figuren einen Term für den Flächeninhalt A der blau markierten Fläche.

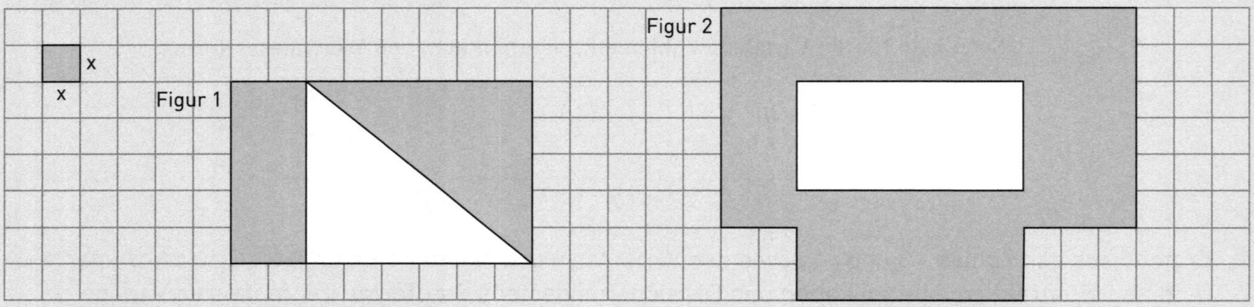

A =

A =

Information

Terme mit mehreren Variablen werden berechnet, indem man für die Variablen die entsprechenden Werte einsetzt. Dabei sind folgende Vorrangregeln zu beachten:
1. Von links nach rechts berechnen.
2. Zuerst wird das Innere einer Klammer berechnet.
3. Wo keine Klammer steht, geht Punktrechnung vor Strichrechnung. Potenzrechnung geht noch vor Punktrechnung und vor Strichrechnung.

Beispiel: $-2 \cdot x + z - 30 \cdot y$
Wir berechnen den Wert des Terms für $x = -1$, $y = 2$ und $z = 80$.
$-2 \cdot (-1) + 80 - 30 \cdot 2 = 2 + 80 - 60 = 22$
Beachte: Bei gleichen Variablen *muss* immer dieselbe Zahl eingesetzt werden. Bei verschiedenen Variablen *kann* auch dieselbe Zahl eingesetzt werden.

Zahlklammern nicht vergessen, damit nicht Rechen- und Vorzeichen nacheinander stehen.

4. Setze in dem Term $-2 \cdot x + y - 1$ ein und berechne den Wert des Terms. Gib auch alle Rechenschritte an.

a) $x = -2;\ y = 3$ **b)** $x = 4;\ y = -2$ **c)** $x = -5;\ y = -7$

5. Stelle einen Term zur Berechnung der blau gefärbten Fläche A auf, der die aus der Zeichnung ersichtlichen Variablen enthält. Setze dann die angegebenen Werte für die Variablen ein.

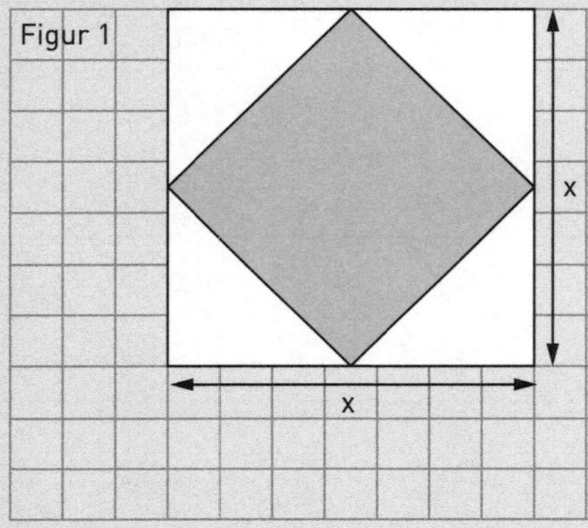

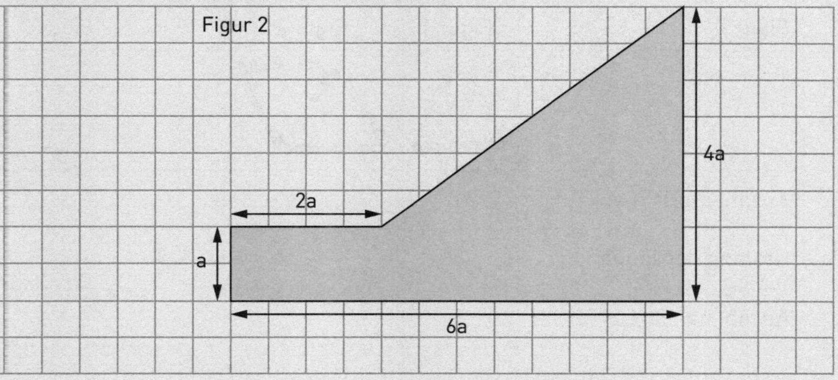

$x = 4\,cm$
A =

$a = \frac{5}{2}\,cm$
A =

Information

Fortlassen von Malpunkten

Zur Vereinfachung wird hier vereinbart: Malpunkte dürfen fortgelassen werden, wenn keine Missverständnisse möglich sind. Ferner gilt $1 \cdot x = x$.

Beispiel:
$5xy$ statt $5 \cdot x \cdot y$
$5(x + y)$ statt $5 \cdot (x + y)$
Aber nicht 234 statt $2 \cdot 34$, denn $2 \cdot 34 = 68 \neq 234$.

6. Welche der Malpunkte darfst du weglassen, ohne Fehler zu machen? Markiere die Stellen.

a) $15 \cdot x + 2 \cdot (x + 3 \cdot y)$ **b)** $(6 - x) \cdot (3 + 2 \cdot x)$ **c)** $15 \cdot \frac{1}{2} \cdot x + \frac{3 \cdot w}{2}$ **d)** $12 \cdot a^2 - 2 \cdot (1 + 2 \cdot z)$

7. Amin, Lennart und Till haben in dem Term $3 - 2xy + z^2$ die Zahlen $x = -3$; $y = 7$ und $z = -5$ eingesetzt und den Wert berechnet. Untersuche ihre Berechnungen auf Richtigkeit.

Amin:
$= 3 - 2 \cdot (-3) \cdot 7 + (-5)^2$
$= 3 + 42 + 25$
$= 70$

Lennart:
$= 3 - 2 - 3 \cdot 7 + (-5)^2$
$= 3 - 2 - 21 + 25$
$= 1 - 21 + 25$
$= 5$

Till:
$= 3 - 2 \cdot (-3) \cdot 7 + (-5)^2$
$= 1 \cdot (-3) \cdot 7 + 25$
$= -3 \cdot 7 + 25$
$= 5$

8. Berechne die Werte der Terme in der Tabelle.

a	b	c	$a^2 - 2bc + 3c$	$\frac{1}{2}ab^2 - 2c$
1	−2	3		
$\frac{1}{2}$	4	−2		
8	$\frac{5}{2}$	$\frac{3}{2}$		

9. Streichhölzer werden in Form von gleichseitigen Dreiecken zusammengelegt (siehe Figur 1 und 2). Für die Figur 1 benötigst du 3 Streichhölzer. Zeichne die 3. und die 4. Figur. Fülle die Tabelle aus.

Figur	Figur 1	Figur 2	Figur 3	Figur 4
	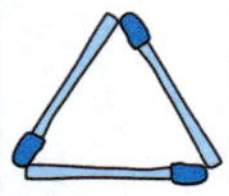	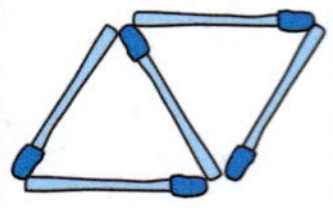		
Anzahl der Dreiecke	1			
Umfang der Figur	3			
Anzahl der Streichhölzer	3			

Aufbau eines Terms

Information

Rechenbaum und Typ eines Terms

Um den Typ eines Terms zu bestimmen, kann man den Rechenbaum des Terms zeichnen. Dabei sind die Vorrangregeln zu beachten.

Es sei der folgende Term gegeben: $a^2 - 3 \cdot (b - 2)^3$.

a) Zuerst werden die einzelnen Zahlen und Variablen von links nach rechts notiert.

a 3 b 2

b) Jetzt wird der Rechenbaum des Terms mit Beachtung der Vorrangregeln erstellt.

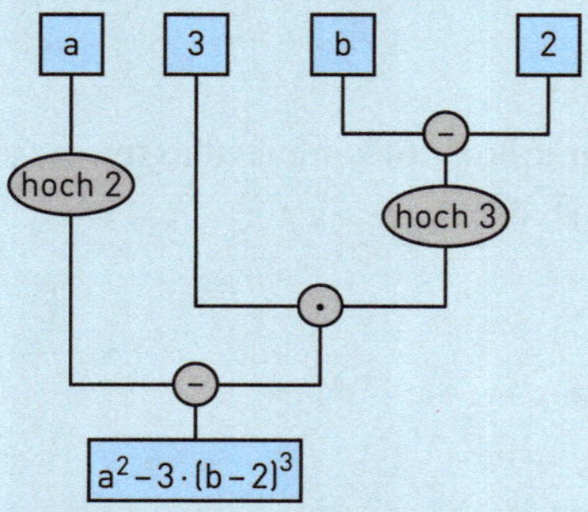

Die Rechenart (unten an der Wurzel des Rechenbaumes), die zuletzt ausgeführt wird (hier eine Subtraktion), legt den Typ des Terms fest. Daher ist der obige Term eine **Differenz.**

Beachte dabei die folgende Tabelle.

Rechenart, die zuletzt ausgeführt wird	Typ des Terms
Addieren	Summe
Subtrahieren	Differenz
Multiplizieren	Produkt
Dividieren	Quotient
Potenzieren	Potenz

10. Gib zu dem Rechenbaum den entsprechenden Term und seinen Typ an.

a)

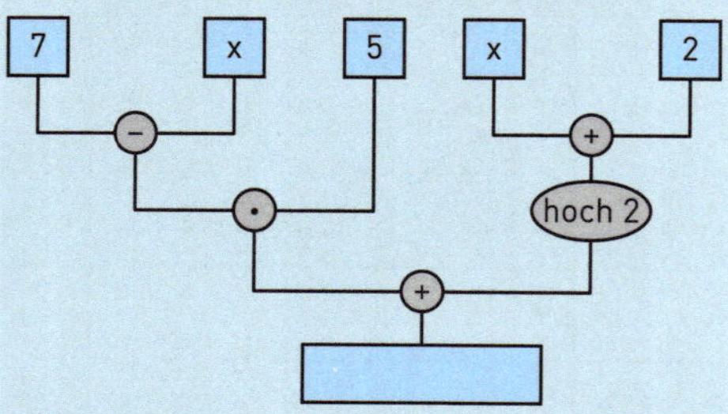

Term: ....

Typ des Terms: ....

b)

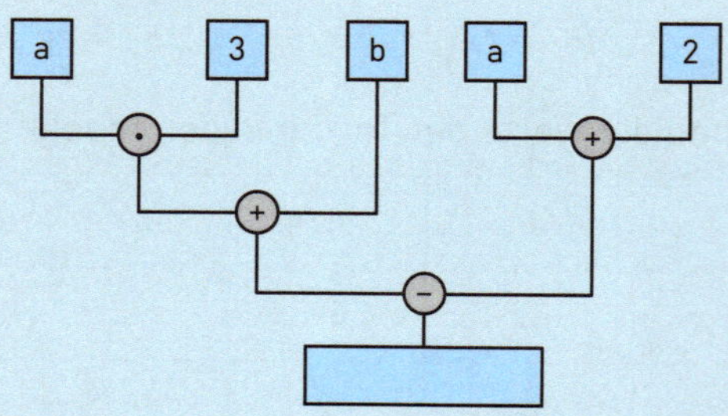

Term: ....

Typ des Terms: ....

11. Zeichne den Rechenbaum zum Term und gib den Typ des Terms an.

a) $2x^2 + 3$ **b)** $a^2 - 3(1 - x)$ **c)** $(4 + x) : (y - x)$

12. Stelle den in Wortform gegebenen Term auf. Notiere auch den Typ des Terms, ohne den Rechenbaum zu zeichnen.

a) Subtrahiere von der Summe der Zahlen a und b den Quotienten dieser Zahlen.

b) Dividiere die Differenz der Zahlen a und 8 durch die vierte Potenz von 3

c) Bilde die fünfte Potenz der Summe von 5 und x.

d) Addiere den Quotienten aus m und 5 zum Produkt der Zahlen n und 8.

e) Multipliziere die Differenz der Zahlen 4 und a mit der Summe aus b und 3.

13. Gegeben ist der Term $n : 3 - (12 + x)^2$.

a) Zeichne den Rechenbaum und gib den Typ des Terms an.

b) Bilde die Wortform des Terms.

Addieren und Subtrahieren von Termen

Information

Terme können zusammengefasst werden, wenn sie die gleichen Variablen und die gleichen Potenzen der Variablen enthalten, also wenn sie aus den gleichen Zusammensetzungen der Variablen bestehen. Solche Terme nennt man gleichartige Terme.

Beispiele:
(1) Die Terme $3x$ und $12x$ können zusammengefasst werden, da sie jeweils die gleiche Variable x besitzen.
(2) Die Terme ab und ba sind ebenfalls gleichartig.

Hinweise:
- Zusammensetzungen von Variablen sollten grundsätzlich in alphabetischer Reihenfolge angegeben werden, also xy statt yx, a^2b statt ba^2.
- Grundsätzlich werden Zahlen vor den Buchstaben geschrieben, also $2x$ statt $x \cdot 2$.
- Die Zahlen vor den Buchstaben nennt man *Koeffizienten*.

14. Entscheide, ob die Terme zusammengefasst werden können.

Term 1	Term 2	Term 3	Zusammenfassen?
$4x$	$14x$	$-4x$	
45	$4a$	$4c$	
$4(x-y)$	$-4(x-y)$	$\frac{1}{2}(x-y)$	

Information

Zwei Terme sind wertgleich, wenn sich bei jeder beliebigen Einsetzung übereinstimmende Werte ergeben.

Beispiel:

a	b	$a^2 + 2ab + b^2$	$(a+b)^2$
2	1	1	9
3	−3	0	0
−4	−2	36	36
1	10	121	121
⋮	⋮	⋮	⋮

Auch wenn die Terme bei 1 000 Einsetzungen übereinstimmende Werte liefern, müssen sie nicht wertgleich sein.

Wie begründet man die Wertgleichheit von Termen?
Zwei Terme sind wertgleich, wenn man einen Term in den anderen Term mithilfe von Rechengesetzen umformen kann.

Bei einer Termumformung wird ein Term in einen anders aufgebauten, aber wertgleichen Term umgeformt. Man verbindet die beiden wertgleichen Terme durch ein Gleichheitszeichen.

Beispiel:
Die Terme $6x + 3y + 2x$ und $8x + 3y$ sind wertgleich.
Begründung durch Umformen:

$6x + 3y + 2x$
$= 6x + 2x + 3y$ (Kommutativgesetz der Addition)
$= (6x + 2x) + 3y$ (Assoziativgesetz der Addition)
$= 8x + 3y$ (Zusammenfassen)

15. Färbe Flächen mit wertgleichen Termen mit derselben Farbe.

$-2x+3$ | $7x^2-6xy$ | $-7x+12y$

$6x^2-10xy+x^2+4yx$ | $7y-13x+5y+6x$ | $-6x+3+4x$

Information

Man addiert (subtrahiert) gleichartige Terme, indem man die Koeffizienten addiert (subtrahiert) und die gemeinsamen Variablen beibehält.

Beispiele:

Koeffizient 1 denken, denn $a^2b = 1 \cdot a^2b$

$8x^2 + 17x^2$ $= (8+17)x^2$ $= 25x^2$	$-3a^2b - a^2b$ $= (-3-1)a^2b$ $= -4a^2b$	$\frac{8}{5}vw + \frac{1}{2}vw$ $= \left(\frac{8}{5}+\frac{1}{2}\right)vw$ $= 2\frac{1}{10}vw$

Hinweise:

- Hinter dem Zusammenfassen von Termen steckt das Distributivgesetz $(a+b)\cdot c = a\cdot c + b\cdot c$, hier aber von links nach rechts gelesen, also $a\cdot c + b\cdot c = (a+b)\cdot c$.

Aufeinander folgende Additions- und Subtraktionsschritte darf man beliebig vertauschen.

Beispiel:
$-a^2 + 4a + 6 = 4a + 6 - a^2 = 6 - a^2 + 4a$

16. Fasse den Term zusammen.

a) $2x + 3x$ **c)** $2{,}5sw + 3{,}2sw$ **e)** $2{,}2b - 3{,}6b - 0{,}7b$

b) $2xy^2 - 13y^2x$ **d)** $3{,}5xw^3 - \frac{1}{3}xw^3$ **f)** $\frac{1}{8}y^3 - \frac{1}{4}y^3 + 3y^3$

17. Hier hat Dirk versucht, den Term zusammenzufassen. Kontrolliere, ob er alles richtig gemacht hat. Gib die richtige Antwort, falls nötig.

a) $6x + 3x^2 = 9x^3$ **c)** $x^3 - x^4 = -x$ **e)** $14x^3y - 10yx^3$ = geht nicht!

b) $x - 2x + 3x - 11x = -9x$ **d)** $x + x^3 = x^4$ **f)** $4v + 4w = 4vw$

18. Fasse den Term zusammen.

Steht vor der Klammer ein Pluszeichen, so kann man die Klammer einfach weglassen.

Term	Vereinfachter Term
a) $x + 12y - 16x - 19y + 2x - 7x$	
b) $\frac{2}{3}y - \frac{3}{4}x - \frac{5}{6}y + 0{,}25x - \frac{3}{2}x$	
c) $0{,}2a - 1{,}5b + (2{,}8a - 0{,}5b) - 5{,}5b$	
d) $3u + (-v + 2w) + 3v - 3w + 12u$	

Multiplizieren und Dividieren von Termen

Information

Multiplizieren eines Produktes mit einer Zahl

Man multipliziert ein Produkt mit einer Zahl, indem man nur einen Faktor mit der Zahl multipliziert.

Beispiel: $3 \cdot (4x) = (3 \cdot 4)x = 12x$

Hinweise:

- Ein Produkt mit lauter gleichen Faktoren schreibt man als Potenz, zum Beispiel: $x \cdot x \cdot x = x^3$.
- Ansonsten gelten bei der Multiplikation Kommutativ- und Assoziativgesetz.

Beispiele:

$a \cdot c \cdot a = a \cdot a \cdot c = a^2c$ — Kommutativgesetz, dann gleiche Variablen als Potenz schreiben.

$2a \cdot 4c = (2 \cdot 4) \cdot (a \cdot c) = 8ac$ — Kommutativ- und Assoziativgesetz, dann Zahlen multiplizieren.

Dividieren eines Produktes durch eine Zahl

Man dividiert ein Produkt durch eine Zahl, indem man nur einen Faktor durch die Zahl dividiert.

Beispiele:

$(18a^2v^2) : 3 = (18 : 3) \cdot a^2v^2 = 6a^2v^2$

$(18a^2x) : 3a = (18 : 3) \cdot (a^2x : a) = 6ax$ — Man rechnet so: $a^2x : a = \frac{a \cdot a \cdot x}{a} = \frac{a \cdot x}{1} = a \cdot x$

19. Vereinfache schrittweise den Term. Gib an, welche Rechengesetze du dabei anwendest.

a) $-12 \cdot a \cdot (x \cdot 3)$

b) $-\frac{1}{4} \cdot (a \cdot 12)$

c) $-(3x + 7x) \cdot 2a$

d) $(-12a) : 3$

20. Welche der Termumformungen sind richtig? Korrigiere gegebenenfalls.

Termumformung	richtig oder falsch	Korrektur, falls nötig.
a) $(-2x) \cdot (3xy) \cdot (-4x) = 24x^3y$		
b) $x \cdot x \cdot x \cdot x = 4x$		
c) $\frac{1}{2}a^2 \cdot (-2a) \cdot 3a = -3a^4$		
d) $4 \cdot (-3x \cdot y) = -12x \cdot 4y$		
e) $18x^2a : 2x^2 = 9a$		
f) $8x \cdot 4a : 2 = 4x \cdot 2a$		

21. Erstelle den Term für den Flächeninhalt A der Figur und vereinfache ihn. Beachte die unten gegebene Maßeinheit.

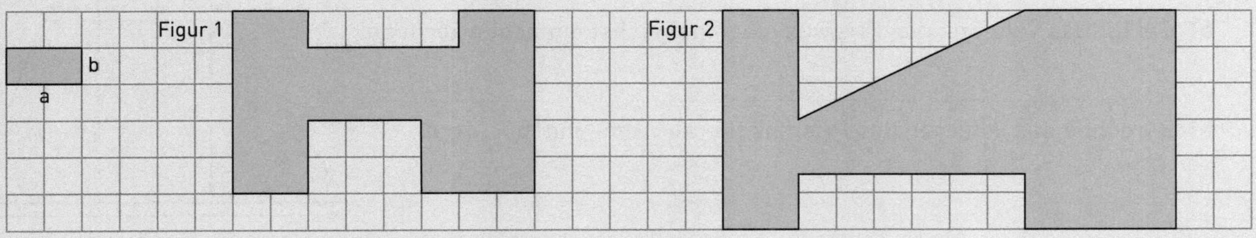

A =

A =

Information

Potenzieren von Produkten

Es lassen sich auch Produkte potenzieren. Man muss dabei darauf achten, welche Koeffizienten und Variablen tatsächlich potenziert werden. Außerdem gilt immer noch die Regel: Potenzrechnung vor Punktrechnung.

Beispiele:

$(y^2)^3 = y^2 \cdot y^2 \cdot y^2 = y \cdot y \cdot y \cdot y \cdot y \cdot y = y^6$ — y wird quadriert und das Ergebnis hoch drei genommen, damit ist y sechsmal als Faktor vorhanden.

$(3x)^2 = 3x \cdot 3x = 3 \cdot 3 \cdot x \cdot x = 9x^2$ — Der gesamte Ausdruck in der Klammer wird potenziert.

$3x^2 = 3 \cdot x \cdot x = 3x^2$ — Der Term bleibt hier unverändert, da nur der Term x potenziert wird.

$2a^2 \cdot (3b)^3 = 2a^2 \cdot 27b^3 = 54a^2b^3$ — Die Regel beachten „Potenzrechnung vor Punktrechnung"! Somit wird zuerst 3 b hoch drei genommen. Danach geht es wie oben weiter.

$(3b^3c)^2 = 3^2 \cdot (b^3)^2 \cdot c^2 = 9 \cdot b^6 \cdot c^2$ — Jeder Faktor in der Klammer wird potenziert.

22. Verwandle die Potenz in ein Produkt.

a) $(x \cdot 4)^2$
=

c) $(a^3 b^2 2)^3$
=

e) $[(ab)^3]^2$
=

b) $\left(\frac{1}{2} \cdot a^2 \cdot 2x^3\right)^2$
=

d) $(-12a)^2 \cdot 5a^3$
=

f) $(-2t)^3 \cdot (-z)^5$
=

23. Ein Prisma hat die nebenstehende Grundfläche. Die Höhe ist h.

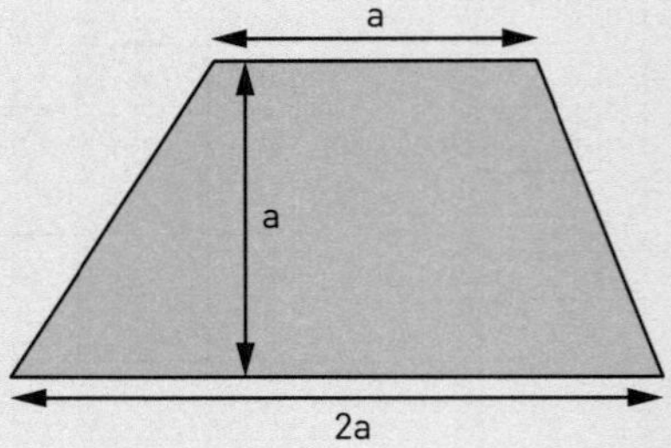

a) Gib für das Volumen des Prismas einen möglichst einfachen Term an.

....

b) Berechne das Volumen des Prismas für $a = 4\,cm$ und $h = 14\,cm$.

Auflösen einer Klammer

Information

Im Folgenden geht es beim Umformen von Termen nicht darum, den Term zu vereinfachen, sondern ihm ein neues Aussehen zu geben.
Betrachten wir den Term $(3 + 4) \cdot 7$.
Dieser Term besteht nur aus Zahlen und kann wie folgt berechnet werden:
Variante 1: Unter Beachtung der Vorrangregeln:
$(3 + 4) \cdot 7 = 7 \cdot 7 = 49$
Variante 2: Unter Verwendung des Distributivgesetzes:
$(3 + 4) \cdot 7 = 3 \cdot 7 + 4 \cdot 7 = 21 + 28 = 49$

Betrachten wir den Term $(a + b) \cdot 7$. Hier kann der Term weder berechnet noch vereinfacht werden. Der Term kann jedoch unter Verwendung des Distributivgesetzes umgeformt werden:
$(a + b) \cdot 7 = a \cdot 7 + b \cdot 7 = 7a + 7b$.
Analog sind durch Anwendung des Distributivgesetzes folgende Termumformungen möglich:
(1) $(a + b) \cdot c = ac + bc$
Beispiel:
$(3a - 4b) \cdot 7c = 3a \cdot 7c - 4b \cdot 7c = 21ac - 28bc$
(2) $(a + b) : c = a : c + b : c$
Beispiel:
$(16a^2b - 24ab) : 4a = 16a^2b : 4a - 24ab : 4a$
$= \frac{16a^2b}{4a} - \frac{24ab}{4a} = 4ab - 6b$

Distributivgesetz für drei Summanden
$(-2) \cdot (3a - b + 2c) = (-2) \cdot 3a + (-2) \cdot (-b) + (-2) \cdot 2c = -6a + 2b - 4c$

24. Löse schrittweise die Klammer auf. Wende dazu ein Distributivgesetz an.

a) $\frac{3}{2} \cdot (3x - 2y)$
=

b) $(-4) \cdot (3 - y)$
=

c) $\frac{1}{2}a \cdot \left(14b - 2ab + \frac{1}{3}ac\right)$
=

d) $(-12a)^2 \cdot (5a^3 + 2ab)$
=

e) $(32a + 16) : 4$
=

f) $(-128ab + 16b) : 8b$
=

25. Mutter und Sohn haben heute Geburtstag. Die Mutter sagt zu ihrem Sohn: „Ich war heute vor drei Jahren genau fünfmal so alt, wie du es vor drei Jahren warst."

a) Stelle einen Term auf, der das jetzige Alter der Mutter in Abhängigkeit vom jetzigen Alter S des Sohnes angibt. Erläutere deine Vorgehensweise.

b) Berechne den Wert des Terms aus a) für $S = 5, 7$ und 10 Jahre.

c) Zeichne die Werte in das untenstehende Koordinatensystem ein und überprüfe, ob die drei Punkte auf einer Geraden liegen.

d) Die Mutter verrät, dass sie heute 28 Jahre alt ist. Ermittle mithilfe des Diagramms das Alter des Sohnes und überprüfe diesen Wert durch eine Rechnung.

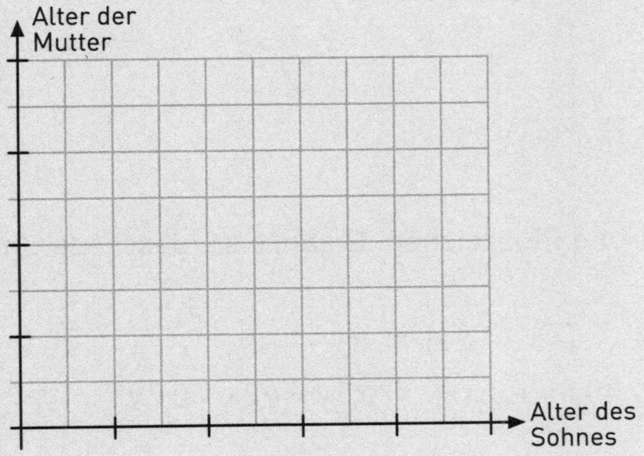

Minuszeichen vor einer Klammer – Subtrahieren einer Klammer

Information

Steht ein Minuszeichen vor einer Klammer, so heißt die Klammer **Minusklammer.**
Das Minuszeichen vor der Klammer kann als Multiplikation mit (− 1) aufgefasst werden. Das Multiplizieren mit (− 1) liefert die *Gegenzahl.*
Man löst eine Minusklammer auf, indem man jedes Glied der Summe oder Differenz in der Klammer mit (− 1) multipliziert.
Subtrahieren bedeutet das Addieren der Gegenzahl.

Beispiele:

$-(-4a + 3b) = (-1)\cdot(-4a + 3b)$
$= (-1)\cdot(-4a) + (-1)\cdot 3b$
$= 4a - 3b$

Auflösen einer Minusklammer bewirkt das Vertauschen der Vorzeichen aller Teilterme in der Klammer.

$4x - (-2x + 3y) = 4x + (-1)\cdot(-2x + 3y)$
$= 4x + (-1)\cdot(-2x) + (-1)\cdot 3y$
$= 4x + 2x - 3y$
$= 6x - 3y$

$(2x - 3y + 6x) - 3(-4y + 3x + 2y)$
$= (8x - 3y) - 3(-2y + 3x)$
$= (8x - 3y) - (-6y + 9x)$
$= 8x - 3y + 6y - 9x$
$= -x + 3y$

Zuerst wurden die Klammern vereinfacht, bevor diese aufgelöst wurden.

26. Löse die Klammern auf und fasse, wenn möglich, gleichartige Teilterme zusammen.

a) $-(-12a - b) + 6a$
=

b) $-3a - (5a + 2b) + 15b$
=

c) $(3x + 16y - 9x) - 4(5x + 6y - 9x)$
=

d) $3v + (-2v + 3w) - 3(5w - v)$
=

e) $\left(\frac{1}{4}e - \frac{2}{3}f + \frac{5}{6}\right) - \left(-\frac{5}{6}f - \frac{7}{12}e + \frac{1}{3}\right)$
=

f) $\left(4{,}5s - 0{,}75t + \frac{3}{2}\right) - 2(0{,}4t - 0{,}6s + 0{,}5)$
=

27. In den untenstehenden Termumfomungen fehlen Minus- und Pluszeichen. Ergänze so, dass jede Umformung korrekt ist.

a) 3x ☐ (2 + x) = 2x − 2

b) 5b ☐ (2b ☐ 3c) = 3b − 3c

c) −(2x ☐ 3) ☐ (−5 ☐ 2x) = −8

d) ☐ 0,5x ☐ (0,5y + 2,5x) ☐ 0,3y = −3x − 0,2y

Ausklammern

Information

Unter Ausklammern (oder auch Faktorisieren) versteht man das Gegenteil zum Auflösen einer Klammer. Das heißt, aus einer Summe (oder Differenz) ein Produkt bilden.

Beispiel 1: $6a - 15 = 3 \cdot 2a - 3 \cdot 5 = 3 \cdot (2a - 5)$
Hier steckt der Faktor 3 sowohl in der 6 als auch in der 15. Die 6 wird als 3 mal 2 geschrieben und die 15 als 3 mal 5. Der gemeinsame Faktor 3 wird vor die Klammer geschrieben (ausgeklammert), in die Klammer wird der Rest hineingeschrieben.

Beispiel 2: $12x - 6 = 6 \cdot 2x - 6 = 6 \cdot (2x - 1)$
Achtung: Wird ein Summand vollständig vor die Klammer gezogen, muss dafür in die Klammer eine 1 geschrieben werden.

Beispiel 3:
$6a^2 - 5a = 6 \cdot a \cdot a - 5 \cdot a = a \cdot (6a - 5)$
Außer Zahlen kann man auch alle Variablen, die in allen Summanden vorkommen, ausklammern.

Beispiel 4:
$6a^2 - 4a = \mathbf{2} \cdot 3 \cdot a \cdot a - \mathbf{2} \cdot 2 \cdot a = \mathbf{2}a \cdot (3a - 2)$
Man kann auch Variablen und Zahlen gleichzeitig ausklammern.

Beispiel 5: Ausklammern einer Differenz
$2(x - y) \cdot z + 12(x - y) = \mathbf{2} \cdot (x - y) \cdot z + \mathbf{2} \cdot 6 \cdot (x - y) = \mathbf{2}(x - y) \cdot (z + 6)$
In den zwei Summanden kommen überall die Faktoren 2 und $(x - y)$ vor. Daher werden sie ausgeklammert. Auch Summen können genauso ausgeklammert werden.

28. Markiere in dem Term farbig, welche Faktoren du ausklammern kannst. Klammere dann soweit wie es geht aus.

a) $21x - 35y - 14z$
=

b) $0{,}25x - 0{,}75y + 1{,}5z^2$
=

c) $9a^3 + 3a^2$
=

d) $8x \cdot (x + y) + 4x^3 \cdot (x + y) - 2x^2 \cdot (x + y)$
=

e) $24x^3 - 16x + 48x^2y$
=

f) $\frac{1}{5}b^2 \cdot (a - b) - 2b \cdot (a - b)$
=

29. Klammere (–1) aus.

a) $-9x-5$	**b)** $-3x+4y-z$	**c)** $4a-13b-7c$	**d)** $-ad+b+\frac{1}{2}c$
=	=	=	=

30. Das nebenstehende Trapez mit dem Flächeninhalt A wurde in drei Figuren mit den Flächeninhalten A_1, A_2 und A_3 zerlegt.

a) Gib für den Flächeninhalt des Trapezes einen Term als Summe der Flächen A_1, A_2 und A_3 an.

....

b) Faktorisiere den Term aus Aufgabe a) und berechne den Flächeninhalt für $a = 3{,}5\,\text{cm}$, $b = 5\,\text{cm}$ und $c = 2{,}5\,\text{cm}$.

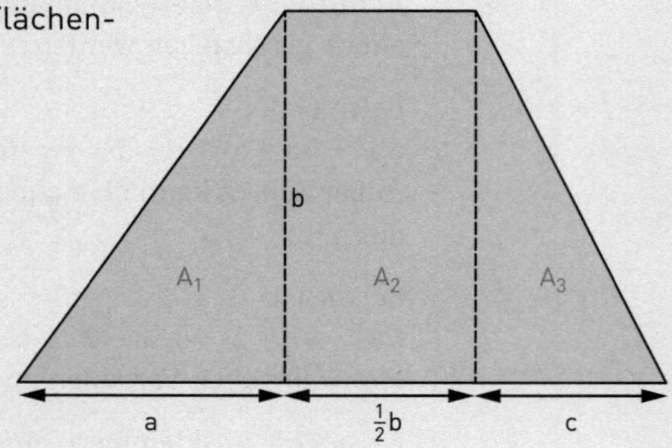

Auflösen von zwei Klammern in einem Produkt

Information

Hier geht es um das Ausmultiplizieren zweier Summen.

Jede Differenz ist stets eine Summe, denn: $a - b = a + (-b)$.

Beispiel: $(3x - y)\cdot(2y + 5z)$

Beim Multiplizieren von Summen multipliziert man jeden Summanden der 1. Summe mit jedem Summanden der 2. Summe und addiert alle Produkte.

$$(3x - y)\cdot(2y + 5z) = 3x\cdot 2y + 3x\cdot 5z - y\cdot 2y - y\cdot 5z$$
$$= 6xy + 15xz - 2y^2 - 5yz$$

31. Löse die Klammern auf und fasse zusammen, wenn möglich.

a) $(-x-5)\cdot(3+x)$	**c)** $(a-2)\cdot(4a-13-c)$
=	=
b) $(2a-b)\cdot(a+2b)$	**d)** $\left(-a+b+\frac{1}{3}\right)\cdot(2b+3)$
=	=

32. Löse die Klammern auf und verdeutliche das Ergebnis am untenstehenden Bild.

a) $\frac{1}{2}(a + b)\,c =$ ....

b) $c\,(a + 2 + b) - \frac{1}{2}b\,c =$ ....

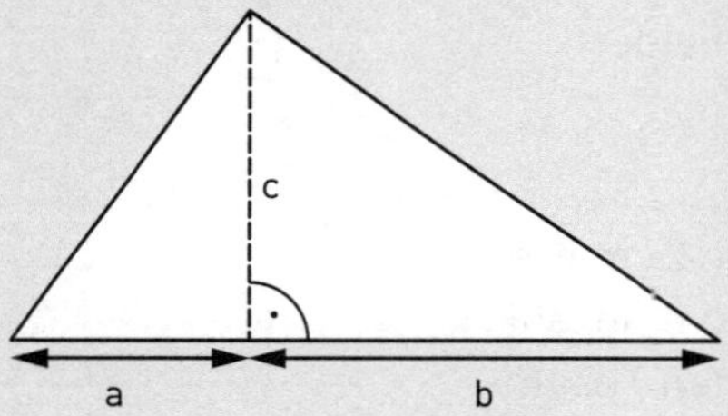

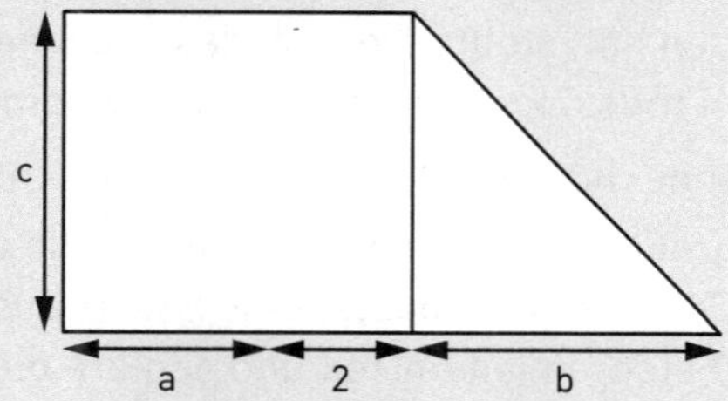

33. Bestimme die Lösungsmenge der Gleichung.

a) $(2x - 2)\cdot(4x - 1) = -(-8x^2 + 1)$

b) $2x^2 - \left(x + \frac{1}{3}\right)\cdot(x + 3) = x^2 + 2$

Binomische Formeln

Information

Alle drei binomischen Formeln lassen sich durch Ausmultiplizieren herleiten.

1. Binomische Formel: $(a + b)^2 = a^2 + 2ab + b^2$
Beispiel: $(3x + 4)^2 = 9x^2 + 24x + 16$

2. Binomische Formel: $(a - b)^2 = a^2 - 2ab + b^2$
Beispiel: $(3x - 4)^2 = 9x^2 - 24x + 16$

3. Binomische Formel: $(a + b)\cdot(a - b) = a^2 - b^2$
Beispiel: $(3x + 4)\cdot(3x - 4) = 9x^2 - 16$

34. Wende die binomischen Formeln an. Achte dabei auf die Potenzen.

a) $(x - 5)(x + 5)$
=

b) $(2a - b)^2$
=

c) $(3a + 2b)^2$
=

d) $(2p^2 + q)(2p^2 - q)$
=

e) $(4x^2 + 2xy)^2$
=

f) $\left(\frac{3}{2}s^3 - \frac{2}{3}t\right)^2$
=

35. Oma Meyer hat für ihre Tochter zum Geburtstag ein quadratisches Tischdeckchen in Schachmuster gestrickt. Das Tischdeckchen besteht aus 6 farbigen Feldern pro Seite (siehe Bild). Nachdem Oma das Deckchen gemessen hat, stellte sie fest, dass es eine Länge von genau 8 Feldern besitzen muss. Ein Feld hat die Größe 1 cm × 1 cm.

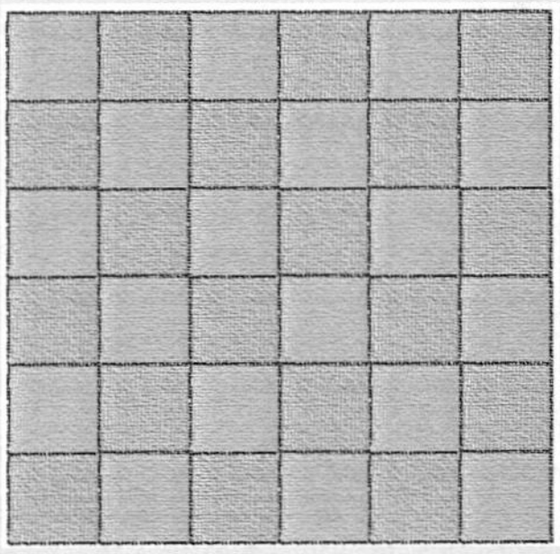

a) Zeichne dazu ein Quadrat mit 6 cm Kantenlänge.

b) Vergrößere dann an die rechte und die untere Seite um einen 2 cm breiten Streifen. Nun besteht die Skizze aus 4 Teilen. Berechne die Anzahl der Felder in jedem Teil und addiere die Anzahlen. Stelle einen Zusammenhang zu den binomischen Formeln her.

Faktorisieren einer Summe anhand der binomischen Formeln

Information

Nicht nur durch Ausklammern kann man eine Summe in ein Produkt umwandeln, sondern auch mithilfe der binomischen Formeln. Dieses Umwandeln wird **Faktorisieren** genannt.

Beispiel:
Die Summe $9s^2 + 18s + 9$ soll auf die Form $(a + b)^2$ gebracht werden.
Man kann die 1. binomische Formel verwenden: $a^2 + 2ab + b^2 = (a + b)^2$.
Für unser Beispiel folgt: $a^2 = 9s^2$; $2ab = 18s$; $b^2 = 9$.
Wegen $a^2 = 9s^2$ folgt $a = 3s$ und wegen $b^2 = 9$ folgt $b = 3$.

Kontrolle: $2ab = 18s$
$2 \cdot 3s \cdot 3 = 18s$
$18s = 18s$

Somit gilt: $9s^2 + 18s + 9 = (3s + 3)^2$

36. Wandle mithilfe der binomischen Formeln in ein Produkt um.

a) $4s^2 + 2st + 0{,}25t^2 =$ ....

b) $16x^2 + 16xy + 4y^2 =$ ....

c) $\frac{1}{4}x^2 - \frac{1}{9}y^2 =$ ....

d) $a^2 - 6ab + 9b^2 =$ ....

37. Vervollständige zu einer binomischen Formel. Gib auch die entsprechende binomische Formel an.

a) $a^2 - 2xa +$ ______ Binomische Formel: ......

b) $s^2 + 8st +$ ______ Binomische Formel: ......

c) $\frac{1}{16}s^2 +$ ______ $+ \frac{1}{9}t^2$ Binomische Formel: ......

d) $x^2 +$ ______ $+ 1$ Binomische Formel: ......

e) ______ $- 8ab + 4b^2$ Binomische Formel: ......

f) ______ $+ \frac{1}{3}y + y^2$ Binomische Formel: ......

Formeln – Gleichungen mit Parametern

Information

Umformen von Formeln
Kommen in der Gleichung mehr als eine Variable vor, so muss man wissen, welche Variable **Lösungsvariable** ist und welche Variablen **Parameter** sind. Die Formel wird dann nach der Lösungsvariablen umgeformt.

Beispiel: $x = 3a + 3b$
Die Formel soll nach der Lösungsvariable a umgestellt werden. Die Variablen x und b sind hier Parameter.

$x = 3a + 3b$		Die Seiten werden zuerst vertauscht.
$3a + 3b = x$	$\mid -3b$	Die Lösungsvariable bleibt allein auf einer Seite stehen.
$3a = x - 3b$	$\mid :3$	Dann kommt das Isolieren von a.
$a = \frac{x - 3b}{3}$		

38. Stelle die Formel nach der angegebenen Lösungsvariablen um.

a) $3a - ta = 1$ $a = ?$

b) $a = -\frac{b}{2} + 3$ $b = ?$

c) $4x = 2y + \frac{1}{z}$ $y = ?$

39. Bestimme die Lösungsmenge der Gleichung für die Lösungsvariable x.

a) $x\left(x - \frac{1}{2}\right) = \left(x - \frac{1}{2}\right)^2$

b) $(x - a)^2 = (x + 2a)^2 + 1$

Gleichungen vom Typ $T_1 \cdot T_2 = 0$

Information

Zum Lösen einer Gleichung der Form $T_1 \cdot T_2 = 0$ geht man wie folgt vor.
$T_1 \cdot T_2 = 0$
$T_1 = 0$ oder $T_2 = 0$ oder $T_1 = T_2 = 0$

Merke: Ein Produkt ist 0, wenn mindestens einer der Faktoren 0 ist.

Beispiel:
Die Gleichung $(x - 1)(2 - 3x) = 0$ soll gelöst werden.
$x - 1 = 0$ oder $2 - 3x = 0$
$x = 1$ oder $3x = 2$
$x = 1$ oder $x = \frac{2}{3}$
Somit ist die Lösungsmenge $L = \left\{1; \frac{2}{3}\right\}$

40. Kontrolliere die Hausaufgaben von Till und berichtige, wenn nötig.

a) $(3x - 4)(x + 2) = 0$
Entweder $3x - 4 = 0$ oder $x + 2 = 0$
Entweder $3x = 4$ oder $x = -2$
Entweder $x = \frac{4}{3}$ oder $x = -2$
$L = \left\{-2; \frac{4}{3}\right\}$

b) $(x - 4)^2 = 0$
$(x - 4)(x + 4) = 0$
$x - 4 = 0$ oder $x + 4 = 0$
$x = 4$ oder $x = -4$
$L = \{-4; 4\}$

c) $(2x - a)^2 = 0$
$(2x - a)(2x - a) = 0$
$2x - a = 0$ oder $2x - a = 0$
$2x = a$ oder $2x = a$
$x = \frac{2}{a}$ oder $x = \frac{2}{a}$
$L = \left\{\frac{2}{a}\right\}$

d) $x^2 - 25 = 0$
$(x - 5)(x + 5) = 0$
$x - 5 = 0$ oder $x + 5 = 0$
$x = 5$ oder $x = -5$
$L = \{-5; 5\}$

41. Fülle die Lücke aus, damit die Gleichung die angegebenen Lösungen hat.

a) $(3x - \_\_\_)(2 + x) = 0$; $L = \{-2; 2\}$

b) $(5x + \_\_\_)(2x - \_\_\_ = 0)$; $L = \{-\frac{1}{5}; 2\}$

c) $x(-5x + \_\_\_) = 0$; $L = \{0; 3\}$

d) $(\_\_\_\,x + 2{,}5)(x + 3) = 0$; $L = \{-3; -12\}$

Beginn: .... Abgabe: ....

Klassenarbeit 1.1

Themen: Aufstellen/Aufbau eines Terms, Addieren/Subtrahieren sowie Multiplizieren/Dividieren von Termen, Auflösen von Klammern, Minusklammer, Binomische Formeln, Prozentrechnung (Wdh.)

1. Vervollständige die Tabelle.

Term	In Worten ausgedrückt
a) $x - y$	
b)	Quadrat der Differenz zweier Zahlen.
c) $x^2 - y^2$	
d)	Das Fünffache einer Zahl vermindert um 0,12.
e)	Das Produkt aus 2 und der Summe aus einer Zahl und 4.
f) $2 \cdot \left(\frac{1}{x}\right)$	

.... 6

2. Berechne schrittweise die fehlenden Werte in der Tabelle.

a	b	c	$a^2 - 3b + c$	$b^2 - \frac{1}{2}c$
1	−2	−1		
−1	−4	2		
−2	−3	4		

.... 6

3. Löse jede Klammer auf und fasse zusammen.

a) $2a \cdot (2bc + a)$
=

b) $4s - (-3s - 5x) - 7s$
=

c) $3 \cdot (4a + 3a^2) - a \cdot (2 - a)$
=

d) $5 \cdot \left(\frac{3}{5}z - \frac{3}{5}k\right) - 3 \cdot \left(\frac{2}{3}z - 2k\right)$
=

e) $3 \cdot (y^2 - w) - 4 \cdot (y^2 - 5w)$
=

f) $-5 \cdot [3x - (5x - 4y + 1)]$
=

.... 9

4. Vervollständige zu einer binomischen Formel und gib an, welche du verwendet hast.

4

a) $36a^2 + \_\_\_ + 9$

b) $1 - \_\_\_ + 25x^4$

c) $\_\_\_ - 6st + 4t^2$

d) $25v^2 - 25vw + \_\_\_$

5. **a)** Begründe anhand der Abbildung, dass $(a + b)^2 - (a - b)^2 = 4ab$ gilt.

b) Rechne dies mithilfe der binomischen Formeln nach.

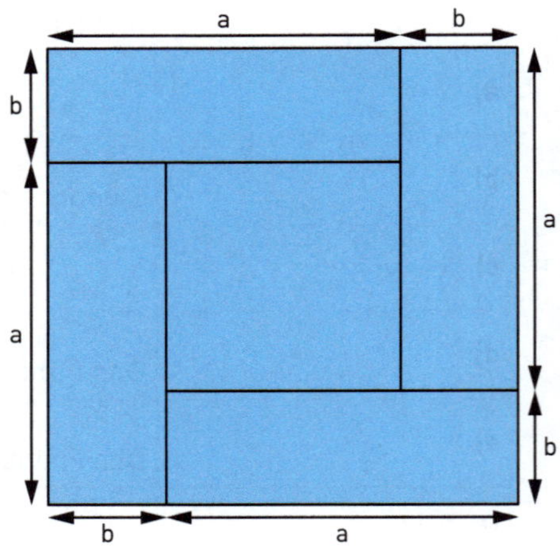

8

6. Ron hat seiner Mutter in den letzten Wochen im Haushalt geholfen. Sie möchte ihm das Taschengeld um 20 % erhöhen. Er erhält nun 30,60 Euro. Bestimme, wie viel Taschengeld er vor der Erhöhung bekam.

4

37

Gesamtpunktzahl

37 – 28 Punkte	27 – 18 Punkte	17 – 0 Punkte
☺	😐	☹

Beginn: .... Abgabe: ....

Klassenarbeit 1.2

Themen: Aufstellen/Aufbau eines Terms, Addieren/Subtrahieren sowie Multiplizieren/Dividieren von Termen, Auflösen von Klammern, Minusklammer, Binomische Formeln, Faktorisieren von Summen, Lösen von Gleichungen, Wahrscheinlichkeiten (Wdh.)

1. Ordne die Terme $2a$; $(3a)^2$; $a + 28$; $a - 5$; $9(a - 1)$ den Aussagen zu.

a) Mein Bruder Alex ist fünf Jahre jünger als ich. Term: ....

b) Meine Lehrerin Frau Lenk ist doppelt so alt wie ich. Term: ....

c) Ich bin 28 Jahre älter als mein erstgeborener Sohn Amin. Term: ....

d) Das Dreifache von einer Zahl a wird quadriert. Term: ....

e) Das Neunfache der Differenz der Zahlen a und 1. Term: ....

.... 5

2. Die Fläche A der nebenstehenden Figur besteht aus zwei Teilflächen A_1 und A_2.

a) Bestimme einen Term für den Flächeninhalt A als Summe der beiden Flächen.

b) Schreibe die Summe aus **a)** als Produkt und berechne den Flächeninhalt A für $a = 1\,cm$ und $b = 2\,cm$.

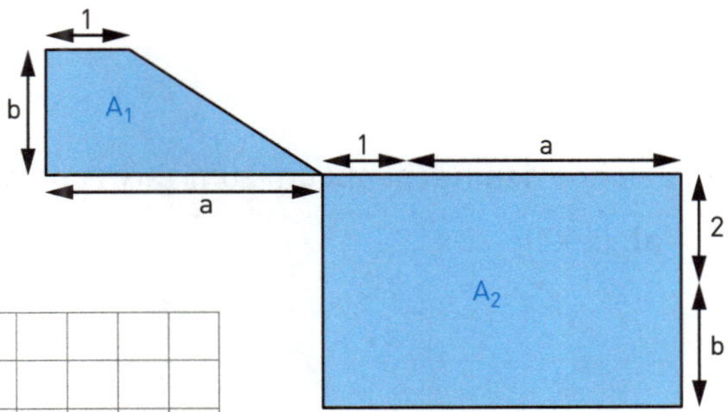

.... 6

3. Löse die Klammern auf und vereinfache so weit wie möglich.

a) $2(a - b) \cdot (b + a) - 2(a + b)^2$
=

c) $-3 \cdot (4x + 1) + 2x \cdot (1 - 6x)$
=

b) $-4s(5t - s) - (2s - 5t)^2 + 20t^2$
=

d) $2 \cdot (x - 18) - 4 \cdot (x + 3) \cdot (x - 3)$
=

.... 8

4. In der Termmauer werden die Terme nebeneinander stehender Steine addiert, um den darüberstehenden Term zu erhalten. Vervollständige die Mauern.

a)

$2x + 1$	$-2 + x$	$-5x + 4$

b)

$2a - 3b$	$4a + b$	$-2a + 2$

.... 6

5. Stelle für folgenden Sachverhalt eine Gleichung auf und löse sie.
Tammo kauft Süßigkeiten. Er kauft saure Schlangen (Stück 0,20 €), saure Zungen (Stück 0,05 €) Traubenzuckerketten (Stück 0,45 €). Er hat 7,60 € zur Verfügung und kauft gleich viel saure Schlangen und Zungen, sowie 8 Traubenzuckerketten. Wie viel saure Schlangen und saure Zungen kauft er?

.... 3

6. Zeichne den Rechenbaum zum Term und gib den Typ des Terms an.

a) $(x - 1)^2 - 3x$ **b)** $x^2 - 3a : y + b(x - 1)$

.... 6

7. Sven ist mit Max zum Kartenspielen verabredet. Da sich Max verspätet, mischt Sven sein Skatblatt immer wieder neu und zieht eine Karte.

a) Gib die Wahrscheinlichkeit an, dass er eine Kreuz 7 zieht. ....

b) Gib die Wahrscheinlichkeit an, dass er eine Herzkarte zieht. ....

c) Gib die Wahrscheinlichkeit an, dass er eine Dame zieht. ....

d) Gib die Wahrscheinlichkeit an, dass er den Herz- oder den Pik-König zieht. ....

.... 4

.... 38 **Gesamtpunktzahl**

38 – 28 Punkte	27 – 19 Punkte	18 – 0 Punkte
☺	😐	☹

Beginn: .... Abgabe: ....

Klassenarbeit 1.3

Themen: Aufstellen/Aufbau eines Terms, wertgleiche Terme, Addieren/Subtrahieren sowie Multiplizieren/Dividieren von Termen, Auflösen von Klammern, Minusklammer, Ausklammern und Faktorisieren von Summen, Dreiecke (Wdh.)

1. Gib zu dem Rechenbaum den entsprechenden Term und seinen Typ an.

a)

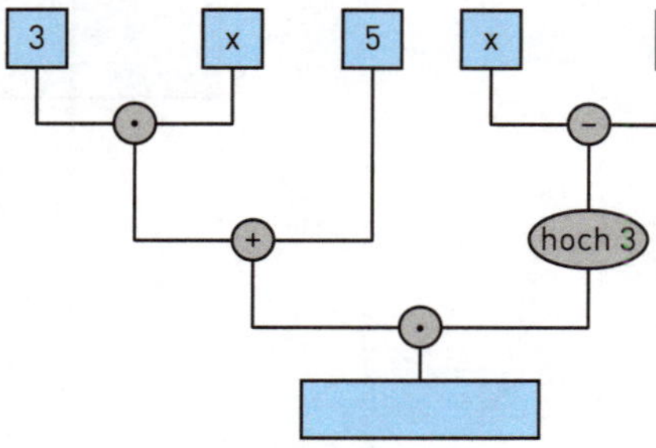

Term: ....

Typ des Terms: ....

b)

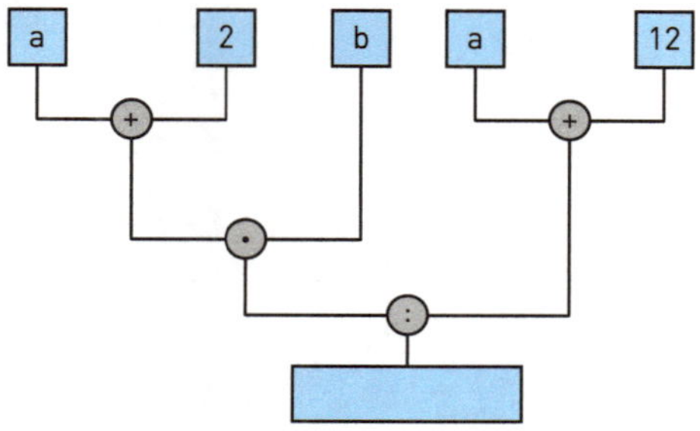

Term: ....

Typ des Terms: ....

.... 6

2. Markiere in dem Term farbig, welche Faktoren du ausklammern kannst. Klammere dann, soweit wie es geht, aus.

a) $18a - 36b - 9c$
=

b) $8a^3 + 32a^6$
=

c) $24x^3y - 12xy + 48x^2y$
=

d) $0{,}25x \cdot (x + 1) - 0{,}75x - 0{,}75$
=

e) $-a \cdot (a - b) + 4a^3 \cdot (a - b) - 2a^2 \cdot (a - b)$
=

f) $\frac{2}{3}x^2 \cdot (x + 1) - \frac{2}{3}x \cdot (x + 1)^2$
=

.... 9

3. Das Grundstück von Familie Schulz hat die nebenstehende Form.

a) Stelle einen Term für den Flächeninhalt des Grundstücks auf.

b) Stelle einen Term für den Umfang des Grundstücks auf.

c) Berechne den Flächeninhalt und den Umfang durch Einsetzen in die Terme für $a = 25\,m$ und $b = 10\,m$.

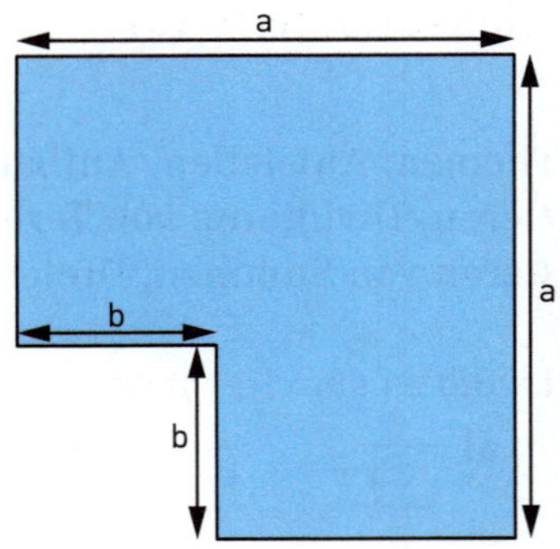

....
4

4. Vervollständige die folgenden magischen Quadrate. Die Summe in jeder Zeile und Spalte sowie entlang jeder Diagonale muss gleich sein.

x + 3		
	x + 1	
x + 2		x − 1

a + 2b		
	2a + b	2a + 2b + c
		3a

....
5

5. Cem bereitet einen Vortrag über ein ausgeschnittenes Dreieck für den Mathematikunterricht vor. Fülle die Lücken in seinem Text aus.

„Die Winkel haben die folgenden Größen $\alpha = 120°$, $\beta = 30°$ und $\gamma =$ ....

Es handelt sich um ein .... winkliges Dreieck. Wenn ich die ....

konstruiere, erhalte ich einen Schnittpunkt, der der Mittelpunkt des ....kreises ist.

Wenn ich die .... konstruiere, erhalte ich einen Schnittpunkt, der der Mittelpunkt

des .... ist."

....
3

....
27

Gesamtpunktzahl

27 – 20,5 Punkte	20 – 13,5 Punkte	13 – 0 Punkte
☺	😐	☹

2. Lineare Funktionen

Zum Aufwärmen: Verstehen und Üben

Funktionen als eindeutige Zuordnungen

Information

Im vergangenen Schuljahr hast du bereits unterschiedliche Zuordnungen kennengelernt. Zuordnungen beschreiben die Abhängigkeit zweier Größen voneinander. Wenn eine Zuordnung *eindeutig* ist, spricht man von einer **Funktion**.

Funktionen ordnen *jeder Zahl* (Größe) x aus der **Definitionsmenge** (Ausgangsgröße) eine *ganz bestimmte Zahl y* (Größe) zu (zugeordnete Größe).

Die einer Zahl x aus der Definitionsmenge eindeutig zugeordnete Zahl y heißt auch **Funktionswert** von x oder Funktionswert an der **Stelle x**.

Beispiele:
(1) Jeder Zahl (Ausgangsgröße) werden ihre Teiler (zugeordnete Größe) zugeordnet.
kurz: *Zahl → Teiler der Zahl*
Diese Zuordnung ist nicht eindeutig, d. h. es handelt sich um keine Funktion. Der Zahl 8 beispielsweise werden nämlich die Zahlen 1, 2, 4 und 8 zugeordnet.

(2) Jeder Zahl wird die Anzahl ihrer Teiler zugeordnet.
kurz: *Zahl → Anzahl der Teiler*
Diese Zuordnung ist eindeutig, d. h. es handelt sich um eine Funktion. Der Zahl 8 wird nur die Zahl 4 zugeordnet.

1. Entscheide, ob es sich bei den folgenden Zuordnungen um Funktionen handelt oder nicht. Kreuze an.

	ja	nein
(1) *Temperatur in °C → Temperatur in °F*	X	
(2) *Zahl → Quersumme*	X	
(3) *Lebensalter → Name der Schüler einer Klasse*		X
(4) *Körpergröße → Lebensalter*		X
(5) *Personalausweisnummer → Name*	X	

2. Untersuche, ob es sich bei den nachstehenden Abbildungen um Funktionsgraphen handelt.

a)
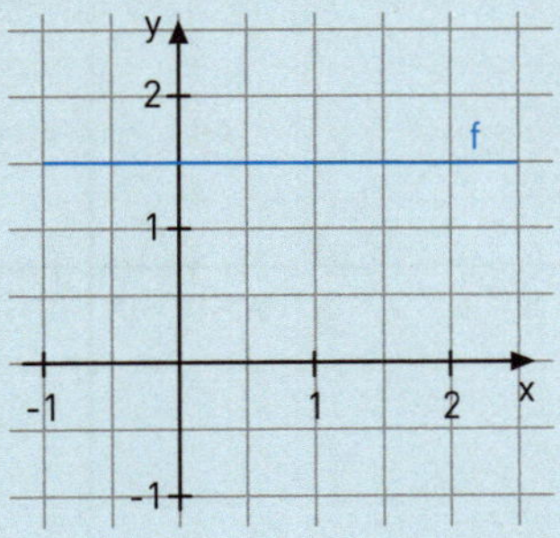

b)
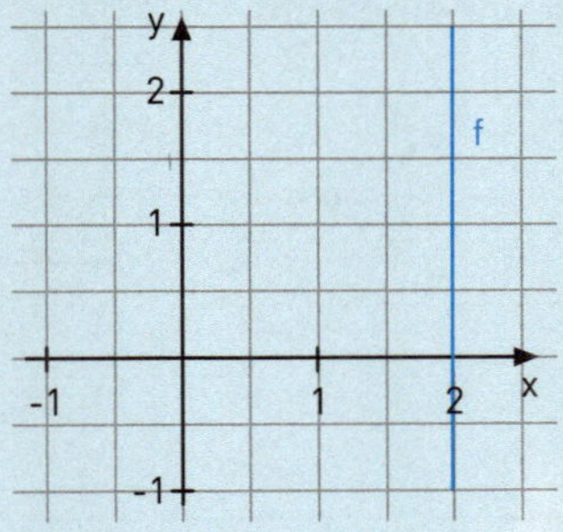

c)
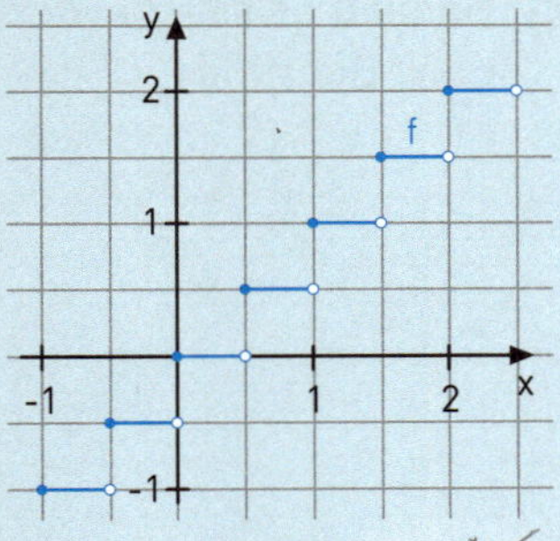

Information

Eine Funktion kann man auf unterschiedliche Weise darstellen:

Die **Funktionsgleichung** legt fest, wie man zu vorgegebenen Werten für die Variable x die zugehörigen Funktionswerte y berechnen kann.

In einer **Wertetabelle** werden die Funktionswerte zu bestimmten Stellen notiert, die man mithilfe der Funktionsgleichung berechnet.

Fasst man die einzelnen Zahlenpaare (x | y) einer Wertetabelle als Punkte auf und trägt diese in ein Koordinatensystem ein, so erhält man den **Graphen** der Funktion. Dabei entspricht die Ausgangsgröße der x-Koordinate. Sie wird an der waagerechten Rechtsachse (x-Achse) abgelesen.
Die zugeordnete Größe entspricht der y-Koordinate. Sie wird an der senkrechten Hochachse (y-Achse) abgelesen.
Wenn es zwischen den Zahlenpaaren der Tabelle Zwischenwerte (also mögliche weitere Zahlenpaare) gibt, ist es sinnvoll, die Punkte miteinander zu verbinden.

$y = 1{,}5\,x + 2$

x	y
−2	−1
−1	0,5
0	2
1	3,5
2	5

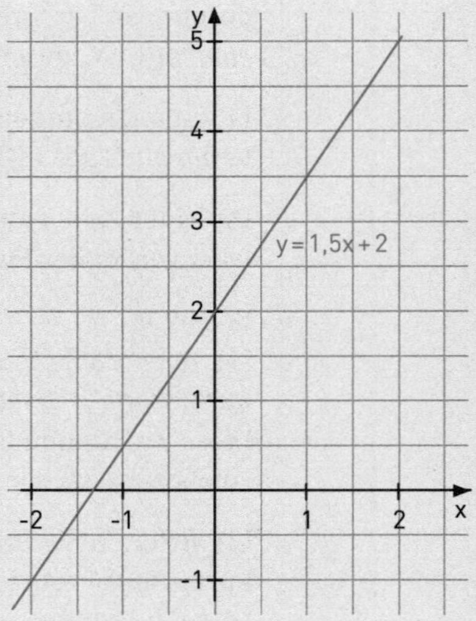

3. In einem Biologietest können die Schüler der Klasse 8 b insgesamt 14 Punkte erreichen. Es werden nur ganze Punkte vergeben. Der folgenden Tabelle kann man entnehmen, welche Note man bei einer bestimmten erreichten Punktzahl erhält.

Punktzahl	14–13	12–11	10–9	8–6	5–3	2–0
Note	1	2	3	4	5	6

a) Ulrike hat 11 Punkte, Peter hat 7 Punkte erreicht. Welche Note erhalten die beiden?

Ulrike: 2 Peter: 4

b) Zeichne den Graphen der Zuordnung *erreichte Punktzahl → erhaltene Note* in das nebenstehende Koordinatensystem.

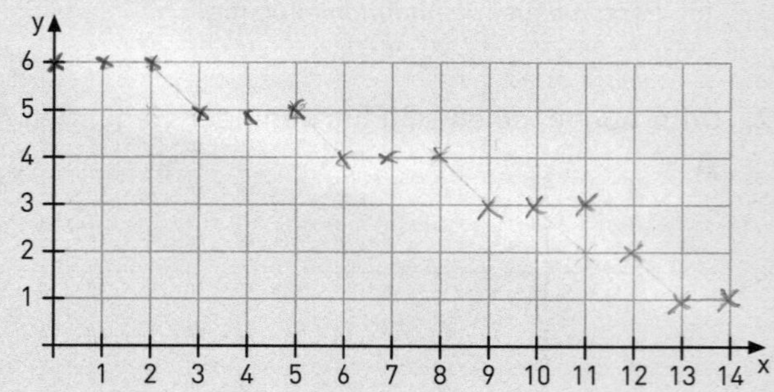

c) Handelt es sich bei der Zuordnung um eine Funktion? Begründe.

Ja, weil es für jeden Wert von Punktzahl einen „erhaltene Note"-Wert gibt.

d) Ist die Zuordnung *erhaltene Note → erreichte Punkte* eine Funktion?

Nein, weil es mehre Möglichkeiten gibt (also der Wert nicht klar definiert ist).

4. Wenn man einen quaderförmigen Pappkarton auf den Boden stellt, kann man fünf Seitenflächen des Kartons sehen. Stapelt man zwei Pappkartons übereinander, sind neun Seitenflächen sichtbar.

a) Ergänze die Wertetabelle.

x (Anzahl der übereinander gestapelten Pappkartons)	y (Anzahl der sichtbaren Seitenflächen)
1	5
2	9
3	13
4	17
5	21
6	25
7	29

b) Zeichne die Zahlenpaare (x | y) der Wertetabelle aus Aufgabenteil a) in das nebenstehende Koordinatensystem.
Ist es sinnvoll die Punkte zu verbinden? Begründe!

Ich denke es ist nicht sinnvoll die Punkte zu verbinden, da es keine zwischenwerte gibt.

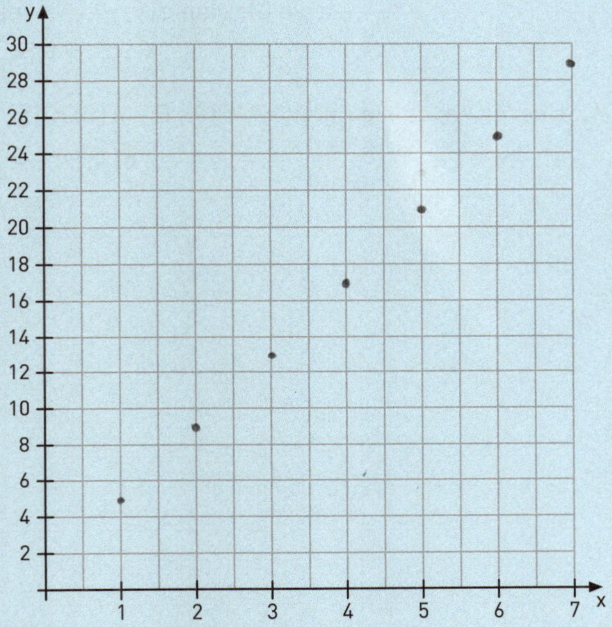

c) Gib eine Gleichung an, mit der man die Anzahl y der sichtbaren Seitenflächen berechnen kann, wenn man x Pappkartons stapelt.

y = 1,5x +1

Information

Eine Funktionsgleichung enthält in der Regel die beiden Variablen x und y. In ihr wird eindeutig festgelegt, wie man zu einem vorgegebenen Wert für die Variable x den zugehörigen Funktionswert y berechnen kann.

Beispiel:
Die Funktion $y = 2x - 1$ hat an der Stelle 2 den Funktionswert 3, denn $y = 2 \cdot 2 - 1 = 3$.

Manchmal ist es erforderlich, mehrere Funktionen zu unterscheiden. Man bezeichnet die Funktion dann mit einem Buchstaben wie zum Beispiel f oder g. Für den Funktionswert y, der der Stelle x zugeordnet wird, schreibt man dann $f(x)$ bzw. $g(x)$.

Beispiel:
Bezeichnet man die Funktion aus dem Beispiel oben mit f, so schreibt man statt $y = 2x - 1$ auch $f(x) = 2x - 1$. Dieser Ausdruck heißt Funktionsterm.
Es gilt dann $f(3) = 2 \cdot 3 - 1 = 5$, d. h. die Funktion hat an der Stelle 3 den Funktionswert 5.

5. Berechne die Funktionswerte der Funktionen f und g mit den Funktionstermen $f(x) = 3x - 5$ und $g(x) = x^2 + 5$.

a) f(0) = -5 **b)** f(2) = 1 **c)** f(5) = 10

g(0) = 5 g(2) = 9 g(5) = 30

Information

Punktprobe
Um festzustellen, ob ein Punkt zum Graphen einer Funktion gehört, setzt man seine Koordinaten in die Funktionsgleichung ein. Wenn diese die Gleichung erfüllen, gehört der Punkt zum Graphen, andernfalls nicht.

Beispiele:

(1) Der Punkt A(4 | 7) gehört zum Graphen der Funktion $y = 2x - 1$, denn seine Koordinaten erfüllen die Gleichung der Funktion, d. h. die Aussage $7 = 2 \cdot 4 - 1$ ist wahr.

(2) Der Punkt B(5 | 12) gehört nicht zum Graphen der Funktion, denn seine Koordinaten erfüllen die Gleichung $y = 2x - 1$ nicht, d. h. die Aussage $12 = 2 \cdot 5 - 1$ ist falsch.

6. Überprüfe, ob die Punkte A(0 | 0), B(−4 | 3), C(5 | 10) und D(5 | 9) auf dem Graphen der Funktion liegen.

a) $f(x) = 2x$ **b)** $g(x) = -\frac{3}{4}x$ **c)** $h(x) = 1{,}2x + 3$

7. Einer Zahl wird das Produkt aus ihr selbst und ihrem Nachfolger zugeordnet.

a) Gib die Funktionsgleichung an.

$y = x \cdot (x+1) = y = x \cdot x + x \cdot 1 = y = x^2 + x$

b) Fülle die Wertetabelle aus.

x	−2	−1,5	−1	−0,5	0	0,5	1	1,5
y	2	0,75	0	−0,25	0	0,75	2	3,75

c) Zeichne den Graphen der Funktion in das nebenstehende Koordinatensystem.

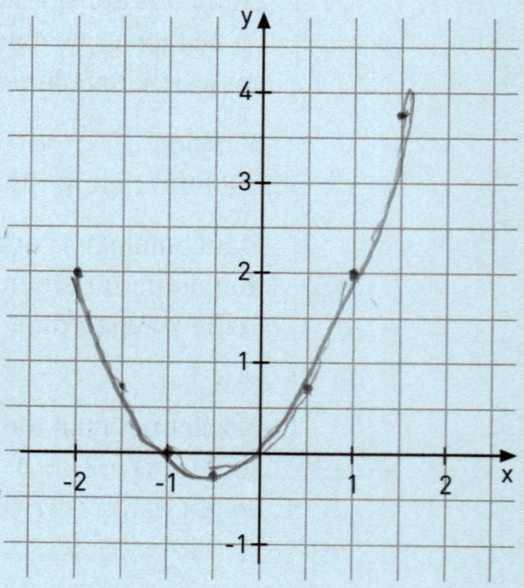

Proportionale Funktionen

Information

Proportionale Zuordnungen sind dadurch gekennzeichnet, dass sich bei Verdopplung, Verdreifachung, ... einer der beiden Größen auch die jeweils andere verdoppelt, verdreifacht, ... Solche Zuordnungen sind eindeutig und heißen deswegen auch **proportionale Funktionen**.

Der Quotient $\frac{y}{x}$ aus zugeordneter Größe und Ausgangsgröße hat bei proportionalen Funktionen für jedes Zahlenpaar $(x \mid y)$ außer $(0 \mid 0)$ den gleichen Wert und ist dir bereits unter dem Namen Proportionalitätsfaktor bekannt.

Die Funktionsgleichung einer proportionalen Funktion hat die Form $y = m \cdot x$.
m steht für eine feste Zahl. Diese erhält man, wenn man den Quotienten
$m = \frac{\text{zugeordnete Größe}}{\text{Ausgangsgröße}}$ bzw. $m = \frac{y}{x}$ berechnet.
Die Definitionsmenge ist $\mathbb{Q}$, falls nichts anderes vereinbart ist.

8. Untersuche, ob die Wertetabellen zu proportionalen Funktionen gehören. Bestimme gegebenenfalls m und schreibe die Funktionsgleichung unter die Wertetabelle.

m ist der Proportionalitätsfaktor.

a)

x	y	
1,5	3,30	
2,4	5,28	
5	11	
7,5	16,50	

y= 2,2x

b)

x	y	
2	5,6	
5	5	
7,5	4,5	
25	1	

c)

x	y	
48	8	
108	18	
171	28,5	
510	85	

y=

Information

Proportionale Funktionen können in drei Darstellungsformen angegeben werden.

Beispiel:

Darstellung als Tabelle

x (Zahl)	y (das Doppelte der Zahl)
−3	−6
−2	−4
−1	−2
0	0
1	2
2	4
3	6

Darstellung als Graph

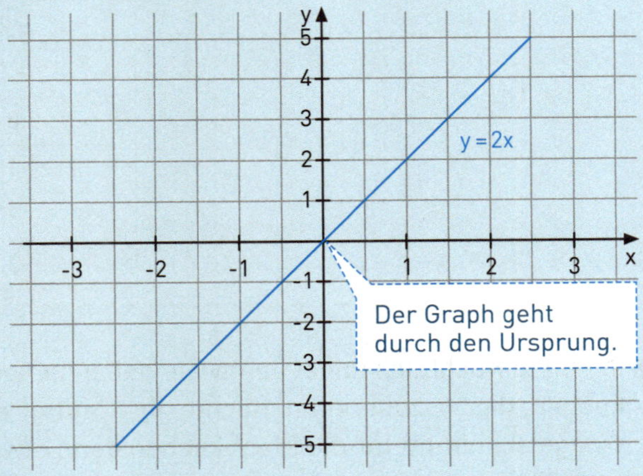

Darstellung als Funktionsgleichung
Es gilt: $y = 2 \cdot x$.
Der Proportionalitätsfaktor ist 2.

9. Ergänze die fehlenden Darstellungsformen der gegebenen proportionalen Funktion mit der Definitionsmenge ℚ.

<table>
<tr><th></th><th>Funktionsgleichung</th><th>Wertetabelle</th><th>Graph</th></tr>
<tr><td>a)</td><td>$y = 3x$</td><td><table><tr><th>x</th><th>y</th></tr><tr><td>−3</td><td></td></tr><tr><td>−2</td><td></td></tr><tr><td>−1</td><td></td></tr><tr><td>0</td><td></td></tr><tr><td>1</td><td></td></tr><tr><td>2</td><td></td></tr></table></td><td>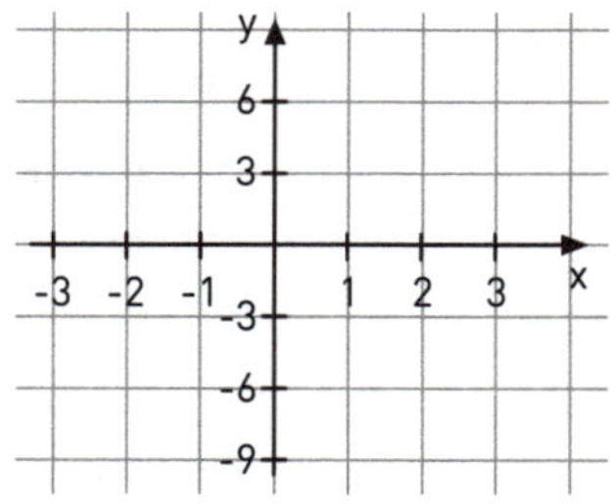
</td></tr>
<tr><td>b)</td><td>........................</td><td><table><tr><th>x</th><th>y</th></tr><tr><td>−3</td><td>1,5</td></tr><tr><td>−2</td><td>1</td></tr><tr><td>−1</td><td>0,5</td></tr><tr><td>0</td><td>0</td></tr><tr><td>1</td><td>−0,5</td></tr><tr><td>2</td><td>−1</td></tr></table></td><td>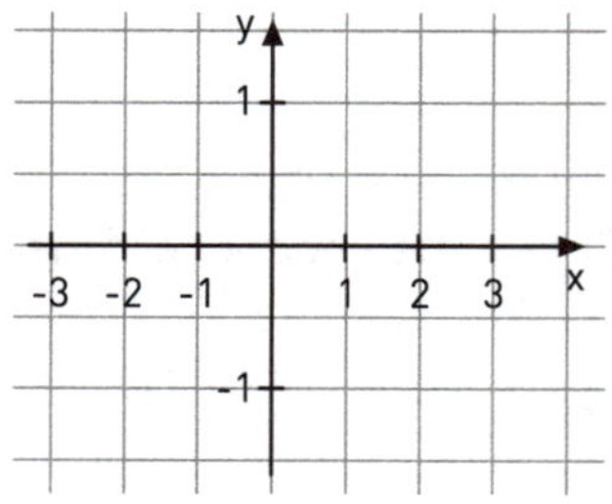
</td></tr>
<tr><td>c)</td><td>........................</td><td><table><tr><th>x</th><th>y</th></tr><tr><td>−2</td><td></td></tr><tr><td>−1</td><td></td></tr><tr><td>0</td><td></td></tr><tr><td>1</td><td></td></tr><tr><td>2</td><td></td></tr><tr><td>3</td><td></td></tr></table></td><td>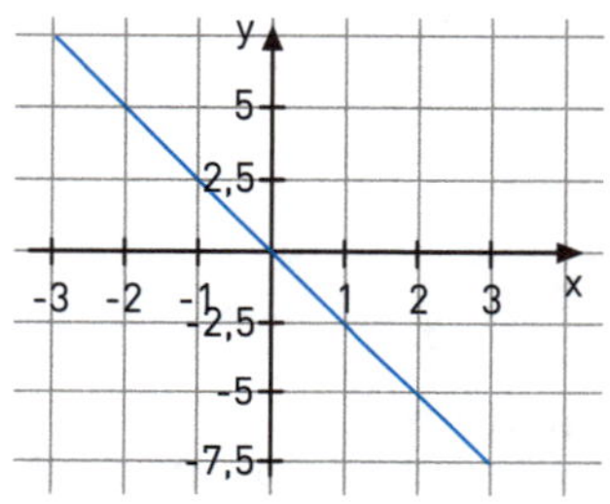
</td></tr>
<tr><td>d)</td><td>........................</td><td><table><tr><th>x</th><th>y</th></tr><tr><td>−2</td><td>−3</td></tr><tr><td>−1</td><td></td></tr><tr><td>0</td><td></td></tr><tr><td>1</td><td></td></tr><tr><td>2</td><td></td></tr><tr><td>3</td><td></td></tr></table></td><td>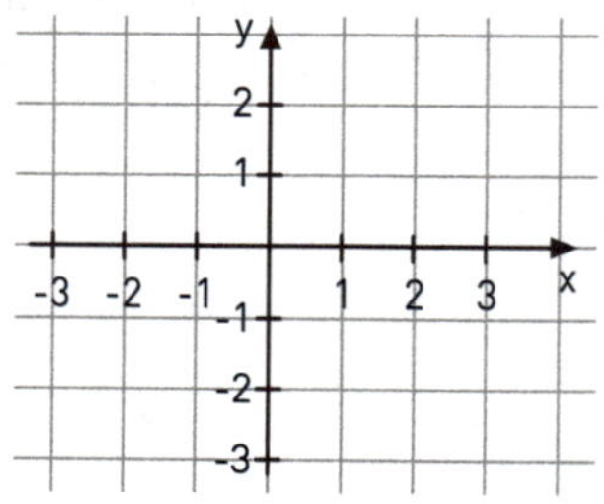
</td></tr>
</table>

10. In einem Kochbuch findet Jenny die nebenstehenden Angaben für Pfannkuchen, die sie zubereiten möchte. Ihre Mutter misst Milch und Mehl mit der Waage ab, nimmt für die Pfannkuchen dann etwa gleiche Mengen an Mehl und Milch.
Jenny wiegt eine Tasse Mehl und misst 140 g, bei der Milch sind es 206 g. Die Tasse hat ein Volumen von etwa $V = 200\,\text{ml}$.

4 Tassen Mehl
3 Tassen Milch
1,5 Esslöffel Zucker
3–4 Eier
1 Teelöffel Schmalz

a) Stelle im Diagramm auf der nächsten Seite dar, welche Massen null bis fünf Tassen Milch bzw. Mehl besitzen.

b) Bewerte, ob das nebenstehende Rezept dem der Mutter ähnelt.

c) Berechne, welches Volumen ein Messbecher haben müsste, mit dem man sowohl ein Kilogramm Mehl als auch ein Kilogramm Milch abmessen könnte.

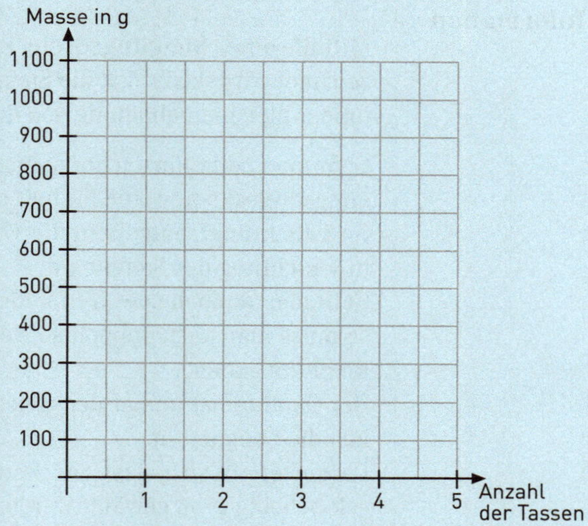

Steigung – Steigungsdreieck

Information

Den Faktor m aus der Funktionsgleichung $y = m \cdot x$ einer proportionalen Funktion nennt man **Steigung** der Geraden.

Steigungen und Gefälle spielen im Alltag eine wichtige Rolle. Eine Straße steigt mehr oder weniger steil an, aber auch der gleichmäßige Zufluss von Wasser in einen Behälter oder das Abtauchen eines U-Bootes mit gleichmäßiger Geschwindigkeit kann mit Hilfe des Begriffs der Steigung beschrieben werden.
Dabei drückt die Steigung m das Verhältnis zwischen der Veränderung in y-Richtung und der Veränderung in x-Richtung aus.

Kennt man die Koordinaten zweier Punkte $P(x_1 | y_1)$ und $Q(x_2 | y_2)$, die auf der Geraden der Funktion liegen, kann man die Steigung deshalb folgendermaßen berechnen:

$$m = \frac{\text{Veränderung in y-Richtung}}{\text{Veränderung in x-Richtung}} = \frac{y_2 - y_1}{x_2 - x_1}.$$

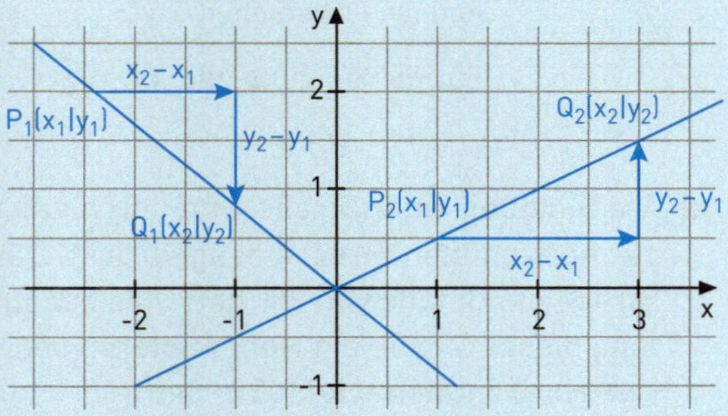

Die Gerade
- steigt (von links nach rechts), wenn m positiv ist,
- fällt (von links nach rechts), wenn m negativ ist,
- ist die x-Achse, wenn m den Wert Null hat.

11. Berechne die Steigung aus den gegebenen Punkten.

a) $A(2 | 6)$; $B(4 | 12)$

b) $P(-1 | 2)$; $Q(2 | -4)$

Information

Mithilfe eines **Steigungsdreiecks**, das an den Graphen einer proportionalen Funktion eingezeichnet wird, lässt sich die Steigung der Geraden bestimmen. Bei Geraden ist die Steigung m immer gleich, unabhängig von der Wahl des Steigungsdreiecks.

Geht man beim Einzeichnen eines Steigungsdreiecks nur eine Einheit nach rechts (in x-Richtung), entspricht die Veränderung in y-Richtung der Steigung m.
Geht man doppelt soweit in x-Richtung, so muss man auch doppelt so weit in y-Richtung gehen.
Der Quotient ist immer der gleiche, nämlich die Steigung m.
Daraus ergibt sich, dass das Steigungsdreieck beliebig groß gewählt werden darf.

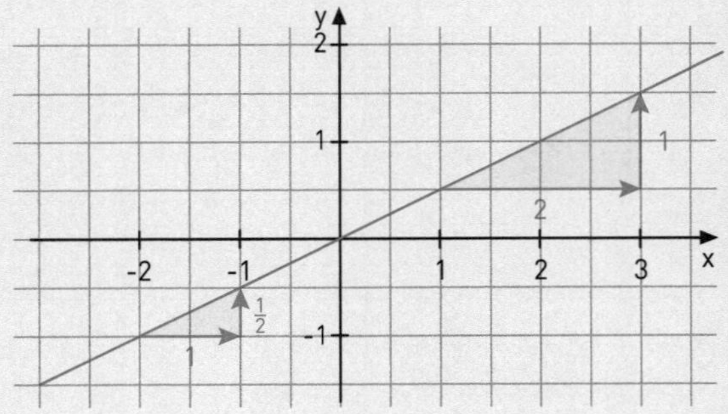

kleines Steigungsdreieck

großes Steigungsdreieck

Für die Steigung m gilt: $m = \frac{\frac{1}{2}}{1} = \frac{1}{2}$.

Manchmal ist es sinnvoll, nicht nur eine Einheit in x-Richtung zu gehen, sondern zwei Punkte auf der Geraden zu wählen, die auf dem Koordinatengitter liegen. In der nebenstehenden Abbildung sieht man, dass man 3 Einheiten in x-Richtung gehen muss, damit man in y-Richtung nach 2 Einheiten auf einen Gitterpunkt trifft. Bewegt man sich dabei nach unten, wird der Wert mit einem „–" versehen.

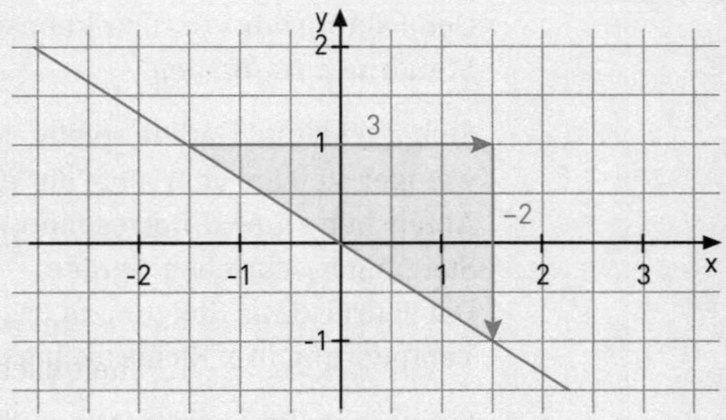

Für die Steigung gilt: $m = \frac{-2}{3} = -\frac{2}{3}$.

12. a) Die Steigung einer Straße wird durch das Verhältnis des Höhenunterschiedes zur horizontalen Strecke ausgedrückt. Das Verkehrszeichen besagt, dass die Straße ein Gefälle von 9 % hat. Dies bedeutet, dass zwischen zwei Orten entlang dieser Straße ein Höhenunterschied von 9 m besteht, wenn die zugehörige Horizontalstrecke 100 m beträgt.

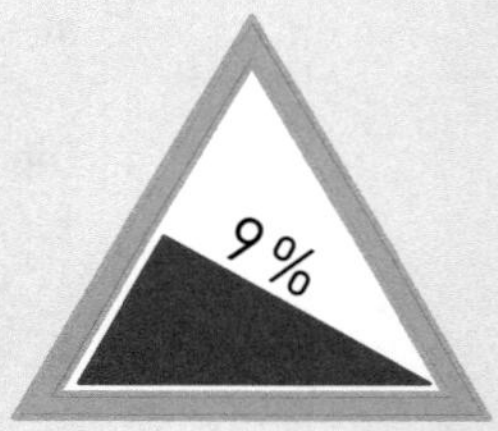

(1) Die Horizontalstrecke zwischen zwei Orten an derselben Straße beträgt 350 m. Wie groß ist der Höhenunterschied?

(2) Der Höhenunterschied zwischen dem Anfang und dem Ende des Gefälles beträgt insgesamt 45 m. Wie lang ist die Horizontalstrecke?

b) Welches Gefälle hat eine Straße, wenn man bei einer Horizontalstrecke von 550 m einen Höhenunterschied von 77 m überwindet?

13. Zeichne ein geeignetes Steigungsdreieck ein. Bestimme die Steigung und gib die Funktionsgleichung an.

a)

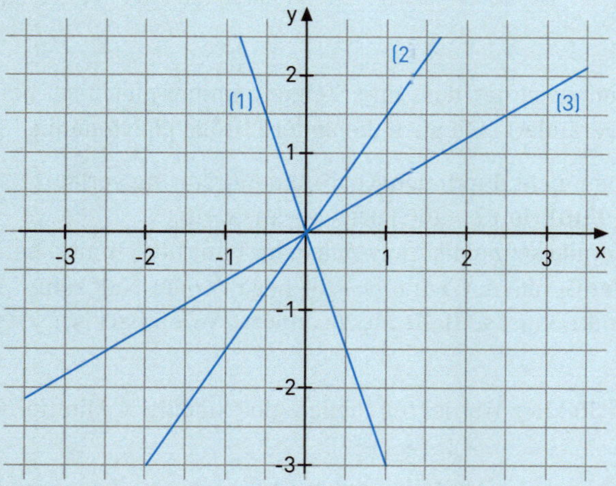

(1) ....

(2) ....

(3) ....

b)

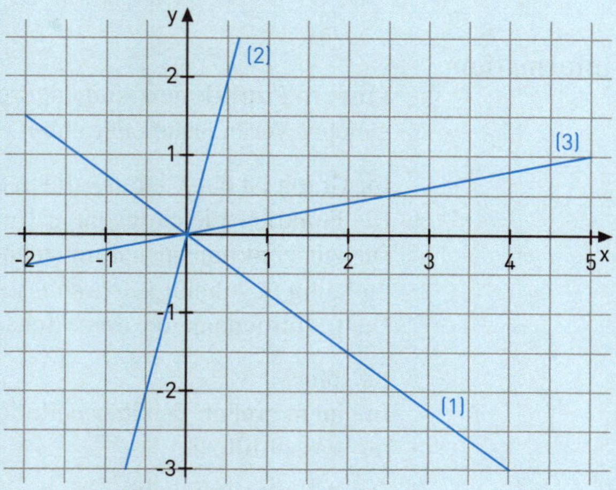

(1) ....

(2) ....

(3) ....

Information

So kann man den Graphen von proportionalen Funktionen mit Hilfe eines Steigungsdreiecks zeichnen:

Beispiel 1: $y = 3x$
Wenn m ganzzahlig ist, kann man vom Ursprung aus eine Einheit nach rechts und 3 Einheiten nach oben gehen.

Beispiel 2: $y = -\frac{3}{4}x$
In diesem Beispiel ist m nicht ganzzahlig. Man verwendet Zähler und Nenner der Steigung für das Steigungsdreieck. Man geht vom Ursprung aus 4 Einheiten nach rechts und 3 Einheiten nach unten, da m negativ ist.

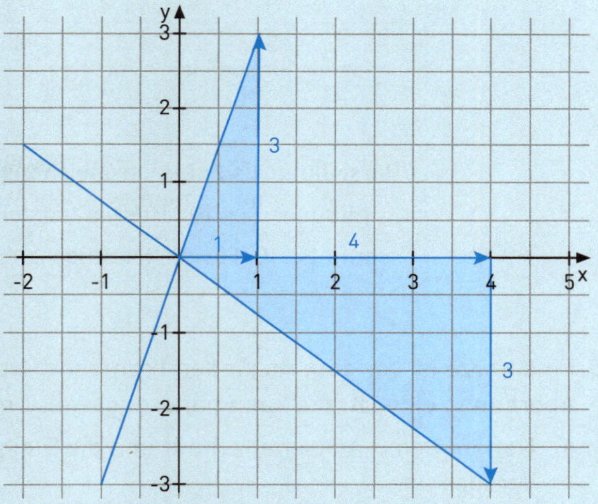

14. Zeichne die Graphen der gegebenen proportionalen Funktionen in das Koordinatensystem.
Gib auch an, wie sich der y-Wert ändert, wenn man den x-Wert (1) um 1; (2) um 2; (3) um 5 erhöht.

a) $y = \frac{4}{5}x$

b) $y = -0{,}5x$

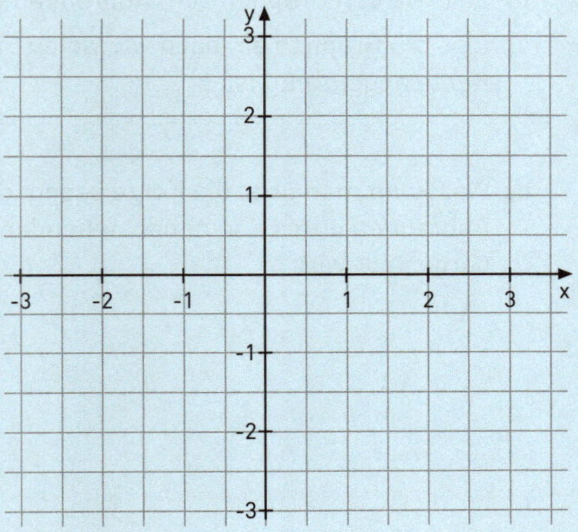

Lineare Funktionen und ihre Graphen

Information

Lineare Funktionen sind dadurch gekennzeichnet, dass ihre Steigung immer gleich ist. Bei gleicher Veränderung der einen Größe verändert sich auch die andere Größe gleichmäßig.

Ihr Graph ist eine Gerade, die in der Regel nicht durch den Koordinatenursprung verläuft.
Die Funktionsgleichung einer **linearen Funktion** hat die Form $\mathbf{y = m \cdot x + b}$.
Die zur Funktionsgleichung gehörige Gerade schneidet die y-Achse im Punkt (0 | b) und hat die Steigung m. b heißt *y-Achsenabschnitt* der Geraden. b kann positiv, negativ oder Null sein.
Die Definitionsmenge einer linearen Funktion ist $\mathbb{Q}$ (falls nichts anderes vereinbart ist).

Beispiel:
In einem großen Behälter befinden sich 30 Liter Wasser. Es fließen gleichmäßig je Minute 10 Liter Wasser hinzu.

Darstellung als Tabelle

Zeit (in Minuten)	Volumen (in Liter)
0	30
1	40
2	50
3	60
4	70
5	80

Darstellung als Graph

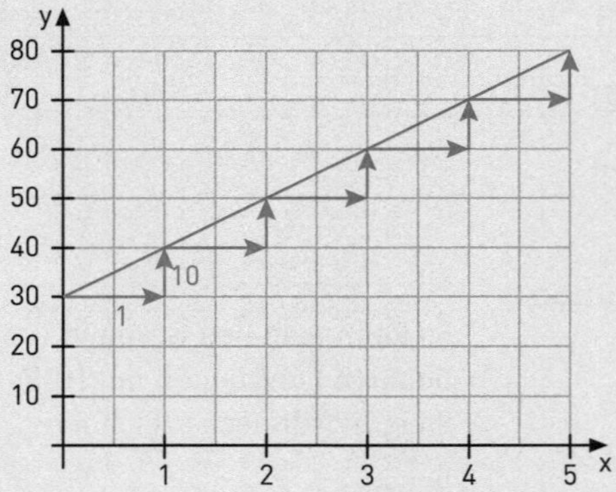

Darstellung als Funktionsgleichung
Es gilt $m = \frac{10}{1} = 10$. Hierbei handelt es sich um die Zunahme pro Minute. Der y-Achsenabschnitt ist 30. Für die Funktionsgleichung gilt: $y = 10x + 30$.

15. Eine Kerze ist vor dem Anzünden 12 cm lang. Nach drei Stunden Brennzeit ist sie 10,5 cm lang. Das Abbrennen einer Kerze kann näherungsweise mithilfe einer linearen Funktion beschrieben werden.

a) Notiere den y-Achsenabschnitt und die Steigung und gib die Funktionsgleichung für den konkreten Versuch an.

m = ... b = ...

y = ...

b) Zeichne den Graphen zum Abbrennen der Kerze.

c) Lies am Graphen ab, nach wie vielen Stunden die Kerze abgebrannt ist.

....

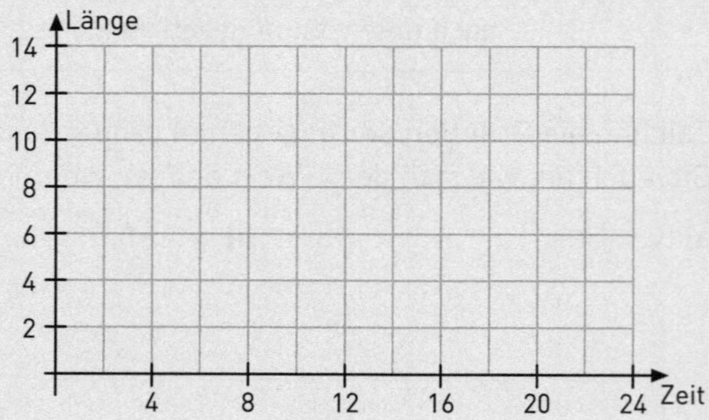

d) Was kann man über die Kerze sagen, deren Abbrennen durch den nebenstehenden Graphen dargestellt wird?

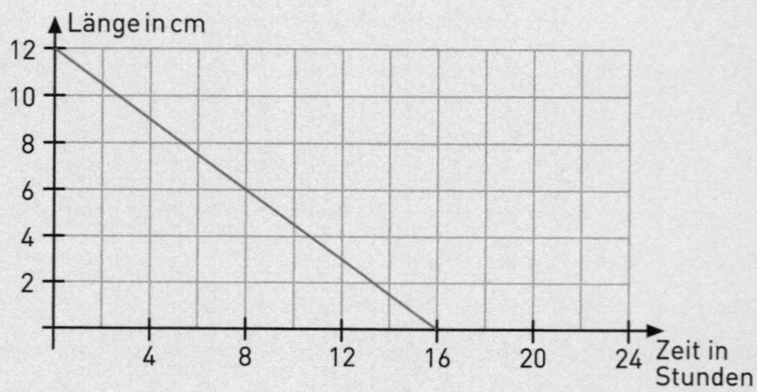

Information

Die Steigung m einer linearen Funktion $y = m \cdot x + b$ kann man mit Hilfe des Graphen durch Einzeichnen eines Steigungsdreiecks bestimmen.
Der y-Achsenabschnitt b ist der y-Wert des Schnittpunktes $S(0 \mid b)$ zwischen Graph und y-Achse.

Diese Vorgehensweise kann zur Bestimmung des Funktionsterms, aber auch zum Zeichnen des Graphen genutzt werden.

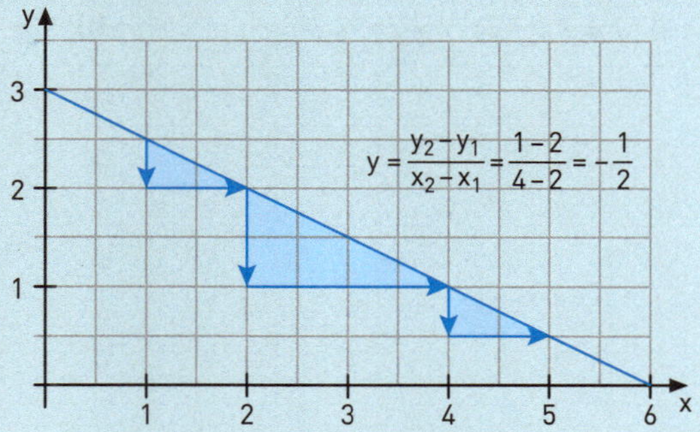

16. Eine lineare Funktion ist durch die folgende Wertetabelle gegeben.

x	−3	−1	0	1	2	3
y	−8	−4	−2	0	2	4

a) Zeichne den Graphen in das nebenstehende Koordinatensystem.

b) Bestimme die Funktionsgleichung, indem du die Steigung mit Hilfe eines Steigungsdreiecks bestimmst und den y-Achsenabschnitt abliest.

....

c) Zeichne den Graphen der Funktion mit $y = -4 \cdot x + 3$ ebenfalls in das Koordinatensystem.

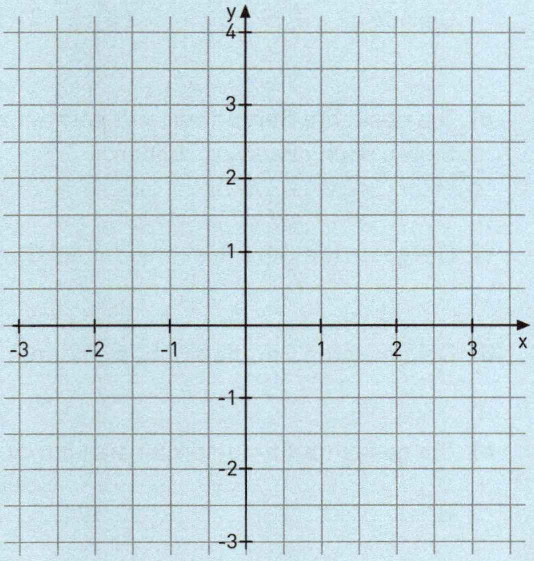

17. Eric hat versucht, zu den nebenstehenden Graphen Funktionsterme zu bestimmen. Kontrolliere seine Lösungen und korrigiere seine Fehler.

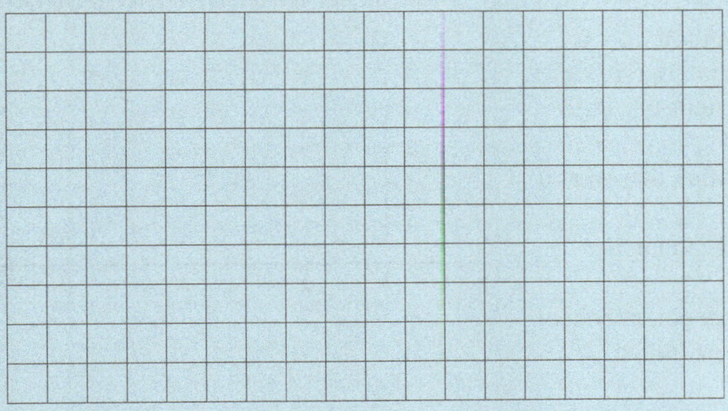

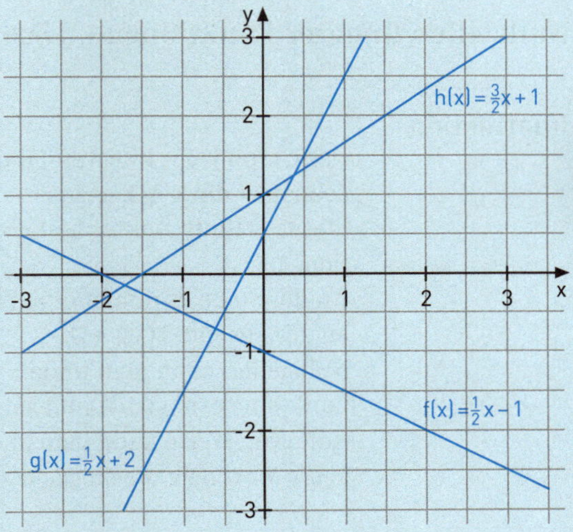

Information

Die Graphen zweier linearer Funktionen f und g mit $f(x) = m_1 \cdot x + b_1$ und $g(x) = m_2 \cdot x + b_2$

(1) schneiden sich, wenn $m_1 \neq m_2$,
(2) liegen parallel zueinander, wenn $m_1 = m_2$ und $b_1 \neq b_2$ bzw.
(3) sind identisch/liegen aufeinander, wenn $m_1 = m_2$ und $b_1 = b_2$.

18. Beschreibe die Lage der Geraden zueinander. Begründe.

a) $y = 2x - 7;\ y = 2x - 3$ **b)** $y = -3x + 1;\ y = 3x - 1$ **c)** $y = -\frac{1}{2}x + 1{,}5;\ y = -0{,}5x + \frac{3}{2}$

19. Gegeben ist die Gerade g mit der Gleichung $y = \frac{3}{4}x - 4$. Gib jeweils eine Geradengleichung mit den folgenden Eigenschaften an.

a) Die gesuchte Gerade verläuft parallel zur x-Achse und hat denselben y-Achsenabschnitt wie die Gerade g.

....

b) Die gesuchte Gerade verläuft parallel zur Geraden g und wurde gegenüber der Geraden g um 6 Einheiten nach oben verschoben.

....

c) Die gesuchte Gerade schneidet die Gerade g an der Stelle $x = 0$ und fällt.

....

d) Die gesuchte Gerade ergibt sich durch Spiegelung der Geraden g an der x-Achse.

....

e) Die gesuchte Gerade ergibt sich durch Spiegelung der Geraden g an der y-Achse.

....

Nullstellen linearer Funktionen – Lösen linearer Gleichungen

Information

Der Graph jeder linearen Funktion mit $m \neq 0$ schneidet die x-Achse genau einmal. Der x-Wert x_0 dieses Schnittpunktes heißt Nullstelle der Funktion.
An der Stelle x_0 nimmt eine Funktion den Wert 0 an, d.h. es gilt $f(x_0) = 0$.
Nullstellen kann man finden, indem man den Funktionsterm gleich null setzt.
Auf diese Weise kann man auch zu einem beliebigen y-Wert den zugehörigen x-Wert finden.

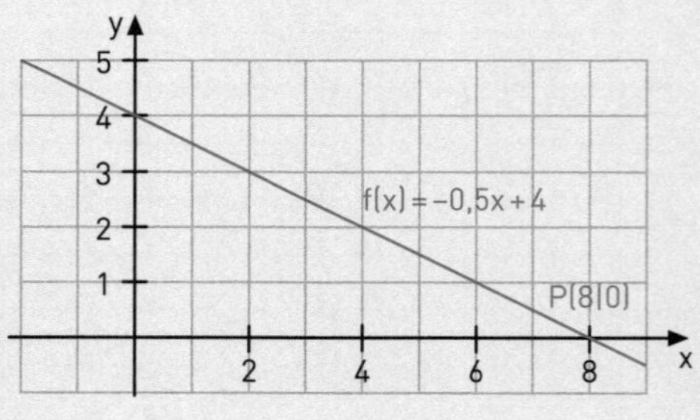

Beispiele:

(1) Berechnung der Nullstelle der Funktion $f(x) = -0{,}5x + 4$.

$$\begin{aligned} 0 &= -0{,}5x + 4 \quad &&| +0{,}5x \\ 0{,}5x &= 4 &&| :0{,}5 \\ x &= 8 \end{aligned}$$

(2) Berechnung der Stelle, an der die Funktion $f(x) = -0{,}5x + 4$ den Funktionwert $f(x) = -3$ hat.

$$\begin{aligned} -3 &= -0{,}5x + 4 \quad &&| +0{,}5x \\ 0{,}5x - 3 &= 4 &&| +3 \\ 0{,}5x &= 7 &&| :0{,}5 \\ x &= 14 \end{aligned}$$

20. Bestimme die Nullstelle der Funktion zeichnerisch und rechnerisch.

a) $f(x) = 0{,}2x - 1$

b) $g(x) = -0{,}8x - 3{,}2$

c) $h(x) = -\frac{3}{5}x + \frac{3}{2}$

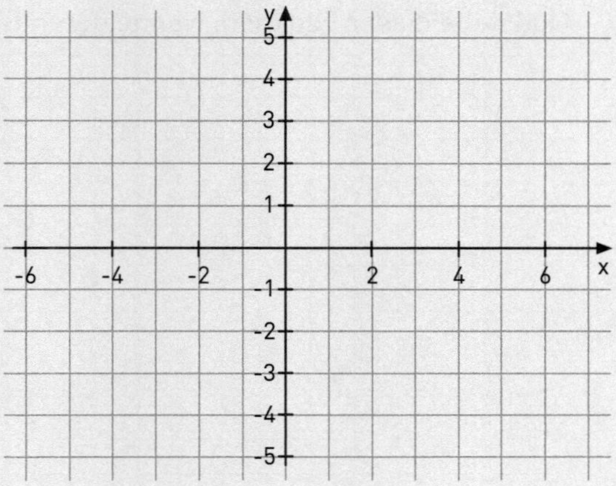

21. Gib die Gleichungen von zwei linearen Funktionen an, deren Nullstelle bei $x = 2$ liegt.

22. Bestimme jeweils die fehlende Koordinate so, dass die Punkte A(0 |), B(5 |), C(| 1) und D(| −3) auf dem Graphen der folgenden Funktion liegen.

a) $f(x) = \frac{1}{3}x + \frac{10}{3}$

b) $g(x) = -\frac{1}{5}x + 2{,}6$

c) $h(x) = -\frac{2}{5}x + 2\frac{1}{5}$

23. Elena möchte einen neuen Handy-Vertrag abschließen. Hierzu wählt sie aus den folgenden Angeboten aus.
Anbieter A verlangt eine monatliche Gebühr von 7,99 € und pro Einheit 0,11 € (Gesprächsminute/SMS).
Anbieter B verlangt 9,99 € pro Monat und pro Einheit 0,09 €.
Anbieter C bietet eine Flatrate für 19,99 € ohne weitere Kosten.

a) Bestimme jeweils die Funktionsgleichung der Zuordnung *Anzahl in Einheiten → monatlicher Rechnungsbetrag* für die Anbieter A und B.

b) Berechne, ab welcher Anzahl an Einheiten sich die Flatrate lohnt.

24. Die Tauchgondel an der Zingster Seebrücke taucht aus einer Tiefe von vier Metern mit einer konstanten Geschwindigkeit von $0{,}5\,\frac{\text{m}}{\text{min}}$ auf.
Beschreibe den Auftauchvorgang der Tauchgondel mithilfe einer linearen Funktion und bestimme die Nullstelle dieser Funktion. Nenne deren Bedeutung im Sachzusammenhang.

25. Der A380 hat einen Kerosinverbrauch von durchschnittlich $17\,\frac{\text{l}}{\text{km}}$. Das Gesamtfassungsvolumen des Tanks beträgt V = 328 540 l.
Stelle das Tankvolumen bei zu Beginn vollem Tank in Abhängigkeit vom zurückgelegten Weg mithilfe einer linearen Funktion dar. Ermittle den Weg, den das Flugzeug maximal zurücklegen kann.

26. a) Gib die Funktionsgleichungen der Geraden g und h an.

g: ....

h: ....

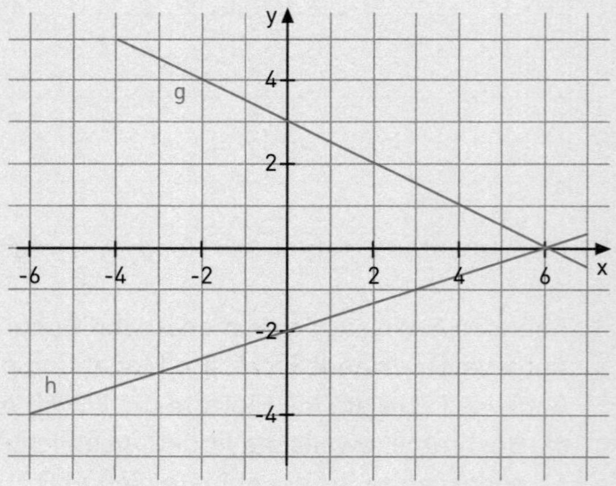

b) Berechne die Nullstelle beider Funktionen.

c) Berechne den Flächeninhalt des Dreiecks, das die Geraden g und h mit der y-Achse einschließen.

Geraden durch zwei Punkte

Information

Geraden bestehen aus unendlich vielen Punkten. Allerdings wird ihre Lage schon durch zwei verschiedene Punkte eindeutig bestimmt. Die Funktionsgleichung der Geraden, die durch die beiden Punkte geht, bestimmt man in folgenden Schritten:

- Man berechnet mithilfe der beiden Punkte die Steigung $m = \frac{y_2 - y_1}{x_2 - x_1}$.
- Man setzt die Koordinaten eines der beiden Punkte und die ermittelte Steigung in die allgemeine Geradengleichung $y = m \cdot x + b$ ein und löst nach b auf.
- Man gibt die Geradengleichung an.

Die x-Koordinaten der beiden Punkte müssen sich unterscheiden. Andernfalls ist die Gerade kein Graph einer linearen Funktion.

Beispiel:
Die Gerade verläuft durch die Punkte A (2 | 5) und B (7 | − 1).

Für die Steigung gilt: $m = \frac{-1-5}{7-2} = -\frac{6}{5}$.

Die Gerade hat die Form $y = -\frac{6}{5} \cdot x + b$.

Der y-Achsenabschnitt b wird bestimmt, indem man die Punktprobe mit dem Punkt A (oder B) durchführt. Mit $5 = -\frac{6}{5} \cdot 2 + b$ erhält man $b = 7{,}4$.

Die Gleichung der Geraden lautet $y = -\frac{6}{5} \cdot x + 7{,}4$.

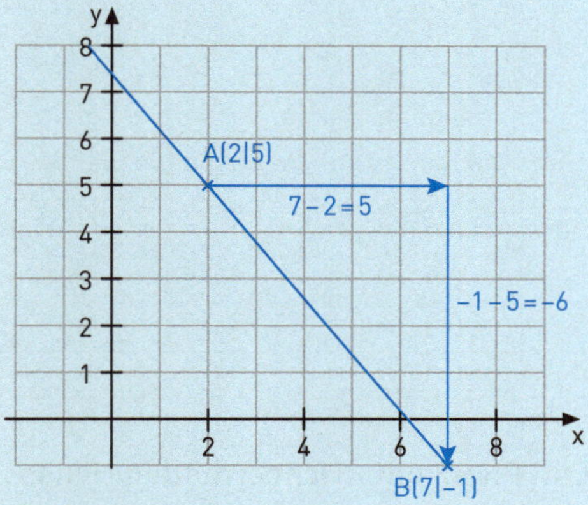

27. Berechne, falls möglich, den Funktionsterm der linearen Funktion, deren Graph durch die gegebenen Punkte geht.

a) A(2 | 1), B(3 | 3)
b) E(−3 | 5), F(7 | 4)
c) $K\left(\frac{3}{5} \middle| 4\frac{1}{3}\right)$, $L\left(0{,}6 \middle| -1\frac{7}{8}\right)$

28. Überprüfe rechnerisch, ob die Punkte $P\left(2 \middle| -\frac{1}{2}\right)$, Q(−3 | 2) und R(7 | −3) auf einer Geraden liegen.

29. Während eines Flottenmanövers gibt ein U-Bootkommandant zweimal die Koordinaten seines Bootes an. Das U-Boot bewegt sich im Wasser in der Regel geradlinig.
Ermittle, ob für das U-Boot bei gleichbleibendem Kurs Kollisionsgefahr mit der Sandbank (siehe Skizze) besteht (U_1 und U_2 beschreiben dabei die vom U-Boot durchgegebenen Positionen).

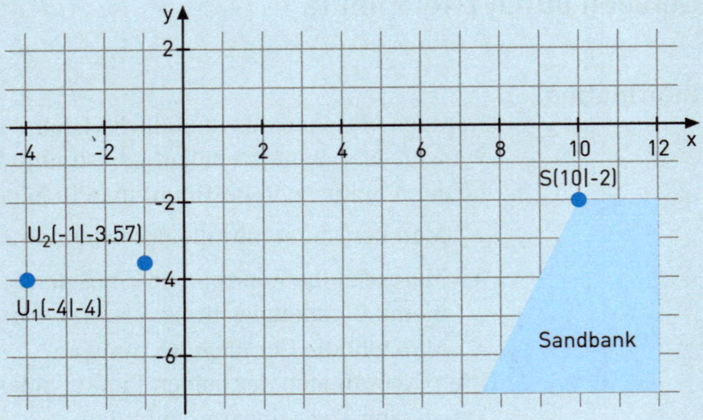

30. Im Physikunterricht ermitteln Niklas und Tom Stromstärken, die in Abhängigkeit von der angelegten Spannung gemessen werden können, wenn man Gleichstrom durch eine Salzlösung leitet. Sie erhalten folgende Messergebnisse.

U in V	2	3	4	5	6
I in mA	2	4,5	7	9,5	11,8

a) Skizziere die Messwerte in einem Koordinatensystem.

b) Beurteile, ob ein linearer Zusammenhang zwischen den gemessenen Größen besteht.

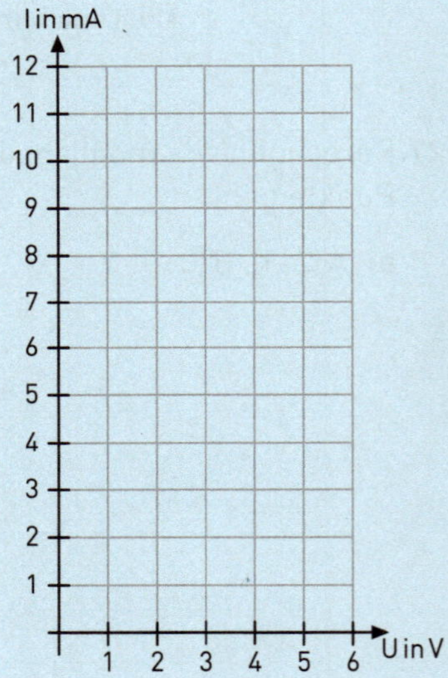

31. Entscheide, ob die nachstehenden Aussagen zu proportionalen und linearen Funktionen zutreffen. Begründe deine Antworten.

Aussage	richtig/ falsch	Begründung
(1) Bei jeder linearen Funktion mit $m > 0$ gilt: Je größer m, desto steiler steigt der Graph der Funktion.		
(2) Bei jeder linearen Funktion mit $m < 0$ gilt: Je größer m, desto steiler fällt der Graph der Funktion.		
(3) Die Graphen zweier linearer Funktionen haben immer genau einen Schnittpunkt.		
(4) Gilt für eine lineare Funktion $m \neq 0$ und $b \neq 0$, so verläuft deren Graph durch drei Quadranten.		
(5) Erhält man bei zwei Steigungsdreiecken die gleiche Steigung, so folgt daraus, dass beide Steigungsdreiecke an den gleichen Graphen gezeichnet wurden.		

Beginn: .... Ende: ....

Klassenarbeit 2.1

Themen: Funktionen als eindeutige Zuordnungen, Lineare Funktionen und ihre Graphen, Rechnen mit Termen (Wdh.)

1. a) Begründe, warum die Zuordnung *„englische Vokabel → deutsche Übersetzung“* keine Funktion ist und gib an, welche Schwierigkeiten sich daraus ergeben.

....

....

....

b) Überprüfe, ob die Wertetabelle zu einer Funktion gehören kann. Begründe.

x	3	2	1	3	2
y	−9	−4	−1	9	4

4

2. a) Zeichne die Graphen der Funktionen f und g mit $f(x) = -\frac{2}{3}x + 4$ und $g(x) = \frac{3}{5}x - 2{,}5$ mit Hilfe eines Steigungsdreiecks in das Koordinatensystem.

b) Bestimme den Funktionsterm der Funktion h, deren Graph parallel zum Graphen der Funktion f aus Teilaufgabe a) verläuft und durch den Punkt Q(3 | 1) geht.

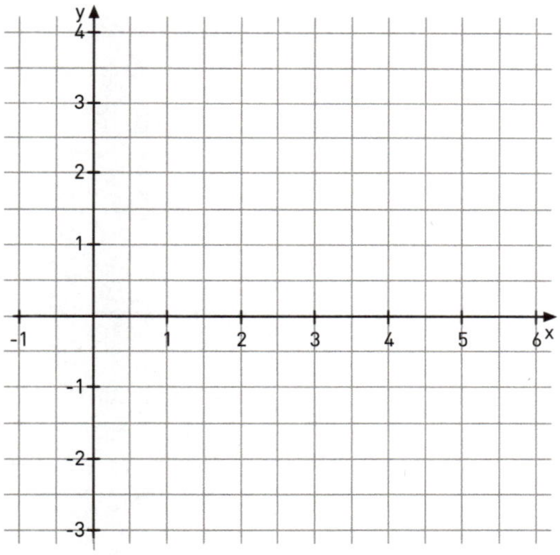

Funktionsterm: ....

7

3. Gib die Gleichungen der folgenden Geraden an.

a)

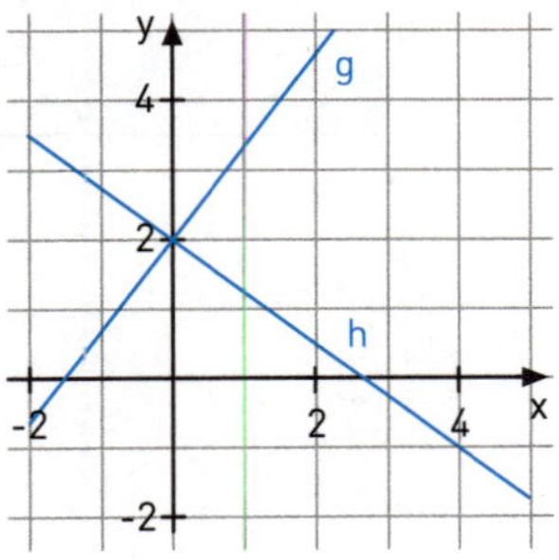

b)

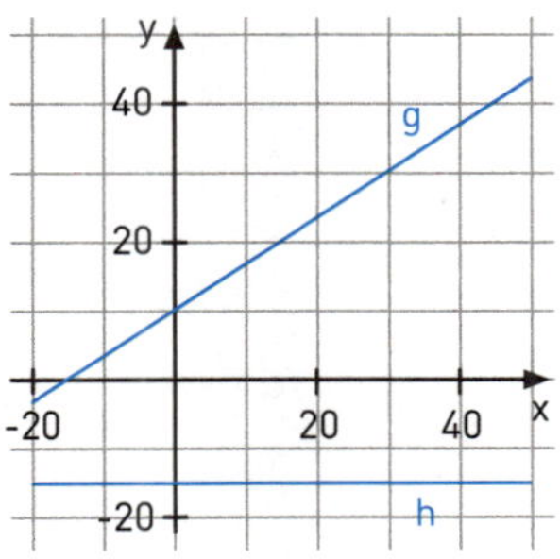

a) g: ....

h: ....

b) g: ....

h: ....

8

4. a) Gib die Gleichung der Geraden g an, die durch die Punkte A(2 | –1) und B(4 | 7) verläuft.

Geradengleichung von g: ....

b) Die Gerade g aus Teilaufgabe a) wird nun um 3 Einheiten nach oben verschoben. Gib die Gleichung der auf diese Weise neu entstandenen Geraden h an.

Geradengleichung von h: ....

.... 5

5. Gegeben ist die lineare Funktion mit der Gleichung $y = -\frac{3}{4}x + 2$.

a) Überprüfe, ob die Punkte A(1340 | –1003) und B(–100 | –77) auf dem Graphen der Funktion liegen.

b) Bestimme die fehlenden Koordinaten rechnerisch, so dass die Punkte D(4 | y) und E(x | –2) auf dem Graphen der Funktion liegen.

c) Berechne die Koordinaten der Schnittpunkte des Graphen der Funktion mit den Koordinatenachsen.

.... 11

6. In der nebenstehenden Figur gilt $c = b + 1$.
Gib einen Term für den Umfang der nebenstehenden Fläche an und vereinfache diesen.

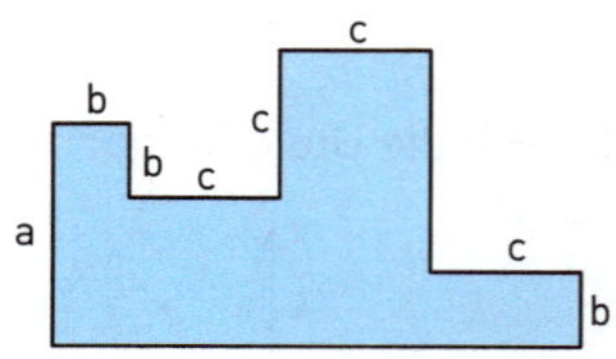

.... 4

.... 39

Gesamtpunktzahl

39 – 29 Punkte	28 – 20 Punkte	19 – 0 Punkte
☺	😐	☹

Beginn: 15:18 Ende: ....

Klassenarbeit 2.2

Themen: Geraden durch Punkte, Lineare Funktionen und ihre Graphen, Lösen linearer Gleichungen, Wahrscheinlichkeiten (Wdh.)

1. Zeichne die drei Geraden, die durch die folgenden Angaben festgelegt sind, in das Koordinatensystem. Bestimme jeweils die Gleichung der Geraden.

(1) $m = -\frac{2}{5}$; $b = 3{,}5$

(2) $P(-3 \mid -2)$; $m = \frac{4}{3}$

(3) $Q(2{,}5 \mid 1)$; $R(-2{,}5 \mid 0)$

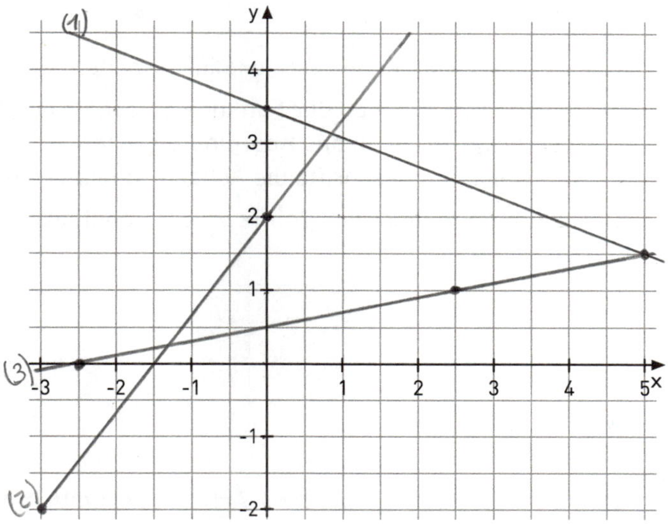

Gleichungen:

(1) $y = -\frac{2}{5}x + 3{,}5$

(2) $y = \frac{4}{3}x + 2$

(3) $y = \frac{0{,}5}{2{,}5}x + 0{,}5$

.... 12

2. Gegeben ist die Gerade g mit der Gleichung $y = -\frac{2}{3}x + \frac{4}{5}$.

a) Berechne die Schnittpunkte der Geraden g mit den Koordinatenachsen.

Schnittpunkt mit der x-Achse: (........ | 0) Schnittpunkt mit der y-Achse: (0 | ....)

b) Gib die Gleichung der Geraden h an, die parallel zur Geraden g verläuft und die Nullstelle $x = -3$ hat.

Geradengleichung von h: ....

.... 6

3. Überprüfe rechnerisch, ob die Punkte $A(-2 \mid 2)$, $B(0 \mid 3)$ und $C(2 \mid 5)$ auf einer Geraden liegen.

.... 4

4. An eine Schraubenfeder wurden nacheinander Massestücke mit unterschiedlichen Massen gehängt und jeweils die Länge der Feder mit einer Schiebleere gemessen. Der Zusammenhang *Belastung → Federlänge* ist dabei linear. Die Messung ergab folgende Wertetabelle:

x: angehängte Masse (in g)	100	200	300	400	500
y: Länge l (in cm)	9,6		16,4		

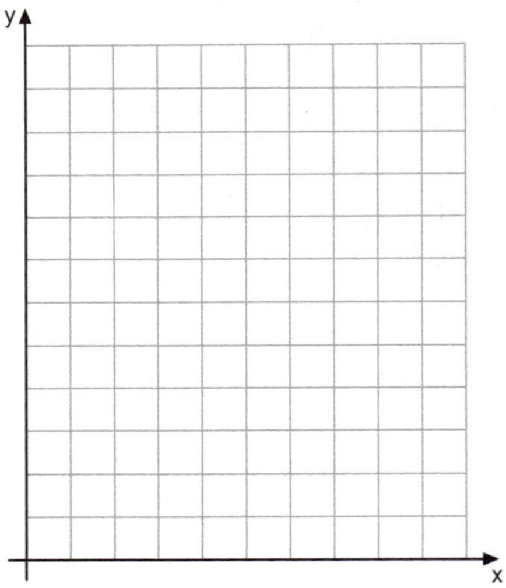

a) Ermittle die fehlenden Werte in der Tabelle.

b) Zeichne den Graphen der Funktion *Belastung (in g) → Federlänge (in cm)* in das Koordinatensystem. Unterteile und beschrifte die Achsen zunächst sinnvoll.

c) Bestimme rechnerisch den Term der Funktion.

d) Welche Bedeutung hat der y-Achsenabschnitt im Sachzusammenhang?

....

e) Berechne die Länge der Feder, wenn ein Gewicht von 650 g angehängt wird.

....

.... 11

5. Schneidet man aus einem Holzwürfel ein Viertel heraus, erhält man einen sogenannten „Winkelwürfel". Als Ergebnis eines Wurfes gilt die Anzahl der oben liegenden Punkte. Folgende Ergebnisse sind möglich:

Ergebnis		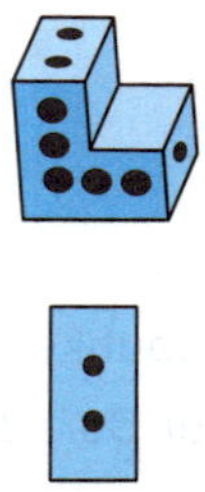			
Wahrscheinlichkeit	0,26	0,26			0,12

a) Ergänze die fehlenden Wahrscheinlichkeiten in der Tabelle.

b) Bestimme jeweils die Wahrscheinlichkeit dafür
(1) eine gerade Zahl zu werfen;
(2) eine Primzahl zu werfen;
(3) mindestens 3 zu werfen;
(4) höchstens 2 zu werfen.

.... 6

.... 39 **Gesamtpunktzahl**

39–29 Punkte	28–20 Punkte	19–0 Punkte
☺	😐	☹

Beginn: .... Ende: ....

Klassenarbeit 2.3

Themen: Geraden durch Punkte, Lineare Funktionen und ihre Graphen, Lösen linearer Gleichungen, Prozentrechnung (Wdh.)

1. Die folgende Wertetabelle gehört zu einer linearen Funktion. Gib die Funktionsgleichung an und ergänze die fehlenden x- bzw. y-Werte.

x	1	2	3	4		50	
y	1	4	7		31		−29

Funktionsgleichung: ....

.... 7

2. Die Geraden g und h sind die Graphen zweier linearer Funktionen g und h.

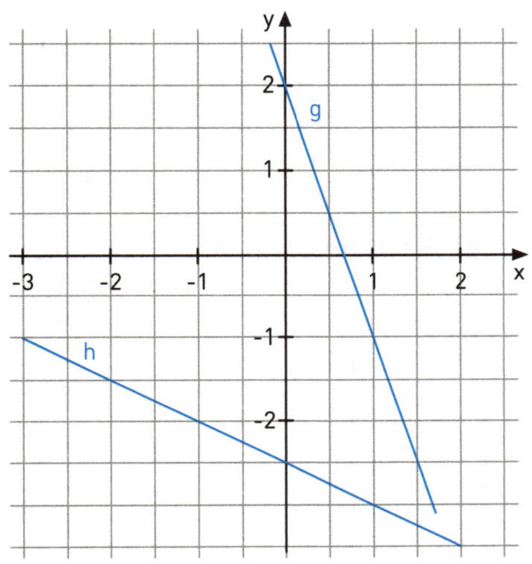

a) Bestimme die Funktionsterme der Funktionen.

g (x) = ...

h (x) = ...

b) Zeige, dass die Funktionen g und h an der Stelle 1,8 den gleichen Funktionswert haben.

c) Gib die Koordinaten des Schnittpunktes S der Geraden g und h an: S(.......... | ....).

d) Die Geraden g und h schließen mit der y-Achse ein Dreieck ein. Berechne seinen Flächeninhalt.

.... 10

3. Beschreibe die Lage der Geraden zueinander, ohne die Geraden zu zeichnen. Begründe.

a) $y = 0{,}4x + 1{,}5$ und $15 + \frac{2}{5}x = y$

....

....

....

b) $y = -\frac{2}{3}x + 5$ und $3 = y - \frac{2}{3}x$

....

....

....

.... 4

4. Ein Rasensprenger bekommt sein Wasser aus einem angeschlossenen Wassertank. Der Tank hat ein Fassungsvermögen von 750 Litern und ist zu 60 % gefüllt. In einer Viertelstunde versprüht der Rasensprenger gleichmäßig 90 Liter Wasser.

a) Berechne das Füllvolumen des Tanks und die Wassermenge, die der Rasensprenger pro Minute versprüht.

b) Zeichne den Graphen der Funktion *Zeit x (in Minuten) →* *Füllvolumen y (in Litern)* in das Koordinatensystem. Unterteile und beschrifte die Achsen zunächst sinnvoll.

c) Gib die Funktionsgleichung an.

....

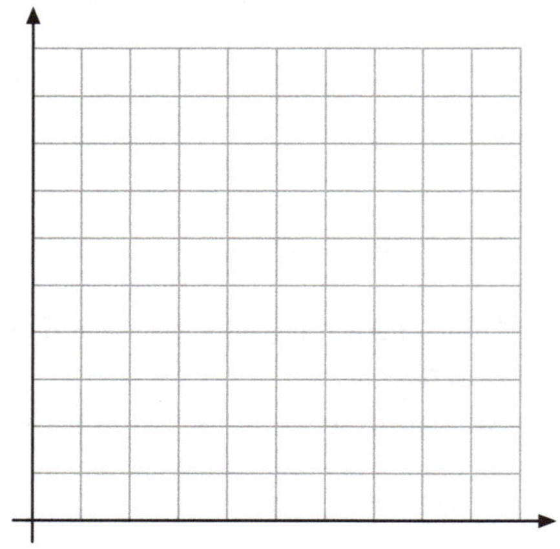

d) Berechne, wie lange der Rasensprenger arbeiten kann, bis der Tank leer ist.

.... 8

5. Ein Auto wurde zum Neupreis von 13 400 € gekauft. Das Auto verliert jedes Jahr 10 % seines Wertes. Berechne den Restwert des Autos nach 5 Jahren und gib an, wie viel Prozent an Wert das Auto dann gegenüber dem Neupreis verloren hat.

.... 4

.... 33 **Gesamtpunktzahl**

33 – 25 Punkte	24 – 17 Punkte	16 – 0 Punkte
☺	😐	☹

3. Lineare Gleichungssysteme

Zum Aufwärmen: Verstehen und Üben

Information

Eine **lineare Gleichung** mit **zwei Variablen** lässt sich in der Form $a \cdot x + b \cdot y = c$ schreiben. Die Lösungen einer solchen Gleichung sind **Zahlenpaare der Form (x | y)**.
Man prüft, ob ein Zahlenpaar die Gleichung löst, indem man in die Gleichung für x und y die entsprechenden Zahlen einsetzt. Ergibt sich eine wahre Aussage, so ist das Zahlenpaar eine Lösung dieser Gleichung, andernfalls ist es keine Lösung.

Beispiel: Lineare Gleichung: $5x + 2y = 3$
(−1 | 4) ist eine Lösung der Gleichung, denn $5 \cdot (-1) + 2 \cdot 4 = 3$ ist wahr.
(2 | 1) ist **keine** Lösung der Gleichung, denn $5 \cdot 2 + 2 \cdot 1 = 3$ ist falsch.

1. Sind die gegebenen Zahlenpaare Lösungen der nachstehenden linearen Gleichungen? Kreuze an.

	(1 | −1)	(−2 | 5)	(−2 | −10)	$\left(\frac{1}{2} \middle\vert -\frac{5}{2}\right)$	$\left(-2 \middle\vert \frac{11}{19}\right)$	(4,1 | −7,2)
$2x + y = 1$						
$3x - y = 4$						
$x - y = -2 - y$						
$2y = 6x - 8$						

Darstellung linearer Gleichungen als Graphen linearer Funktionen

Information

Man kann die lineare Gleichung $a \cdot x + b \cdot y = c$ für $b \neq 0$ nach y auflösen und erhält so eine Geradengleichung der Form $y = m \cdot x + n$. Diese Gleichung ist die Funktionsgleichung einer linearen Funktion.
Der Graph dieser Gleichung ist eine Gerade und kann steigen, fallen oder parallel zur x-Achse verlaufen.

Beispiel:

$$-x + 2 \cdot y = 4 \quad | +x$$
$$2 \cdot y = x + 4 \quad | :2$$
$$y = \frac{1}{2}x + 2$$

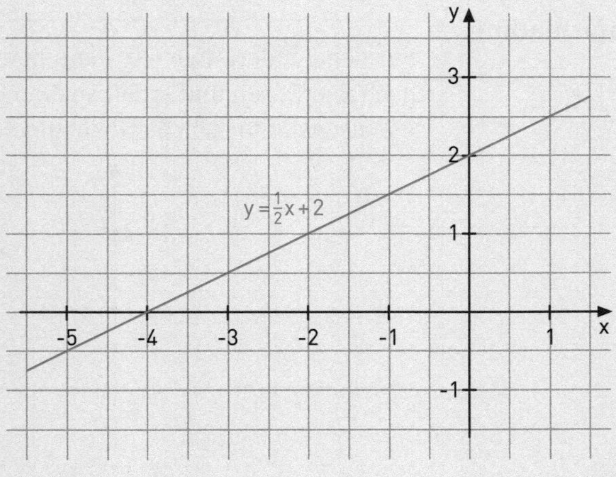

Somit lassen sich Lösungen für eine lineare Gleichung folgendermaßen grafisch ermitteln:

(1) Löse die Gleichung nach y auf.
(2) Zeichne die Gerade in ein geeignetes Koordinatensystem.
(3) Lies Punkte ab, die auf dem Graphen liegen. Dies sind Lösungen der linearen Gleichung.

So sind die Zahlenpaare (0 | 2) und (− 2 | 1) Lösungen der Gleichung $-x + 2y = 4$ bzw. $y = \frac{1}{2}x + 2$.

2. Gegeben sind zwei lineare Gleichungen.

(1) $-2x + \quad y = 4$

(2) $\quad x - 2y = 4$

a) Forme die linearen Gleichungen jeweils in eine Geradengleichung der Form $y = m \cdot x + n$ um.

Gleichung (1): ....

Gleichung (2): ....

b) Zeichne die Geraden in das Koordinatensystem ein.

c) Nenne für jede Gleichung jeweils 3 Zahlenpaare, die eine Lösung der Gleichung darstellen.

für Gleichung (1):

(........ | ....); (........ | ....); (........ | ....)

für Gleichung (2)

(........ | ....); (........ | ....); (........ | ....)

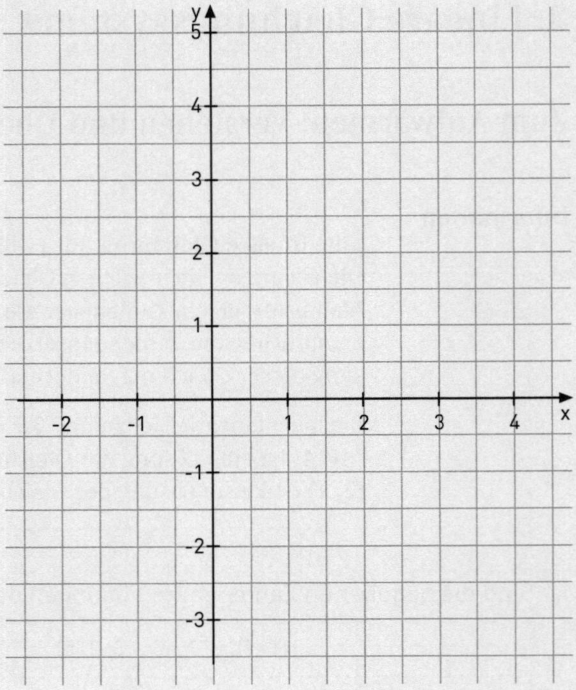

3. Gegeben ist die Geradengleichung $y = \frac{1}{4}x - 2{,}5$. Bestimme die fehlenden Koordinaten so, dass der Punkt jeweils auf der Gerade liegt.

A(4 | ....) B(........ | −3) C(........ | −0,5) D(10 | ....)

Information

Für den Sonderfall $b = 0$ kann man die lineare Gleichung der Form $a \cdot x + 0 \cdot y = c$ für $a \neq 0$ nach x auflösen und erhält so eine Gleichung der Form $x = r$, deren Graph eine Parallele zur y-Achse ist. Eine solche Gleichung ist **keine** Funktionsgleichung.

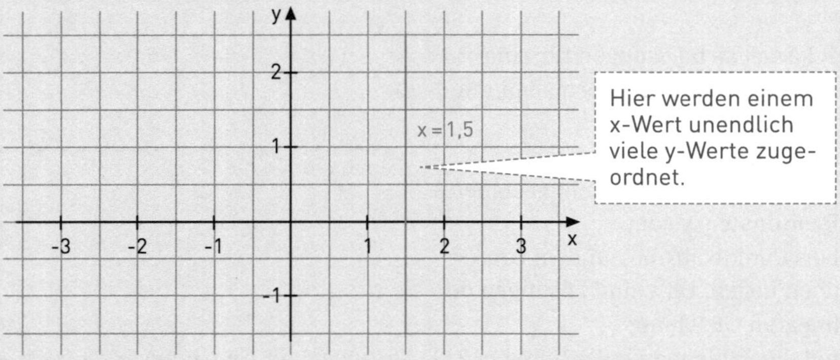

Beispiel:

$4 \cdot x + 0 \cdot y = 6$

Umformen ergibt: $x = 1{,}5$. Dies ist **keine** lineare Funktion.

4. Zeichne die Graphen der linearen Gleichungen in das Koordinatensystem ein. Gehört die jeweilige Gerade zu einer linearen Funktion? Begründe!

a) $5x + 0 \cdot y = 20$ **c)** $4 - y = -3 + 0 \cdot x$

b) $x - y = -2 - y$ **d)** $\frac{2}{3}x - \frac{1}{6}y = -\frac{1}{6}$

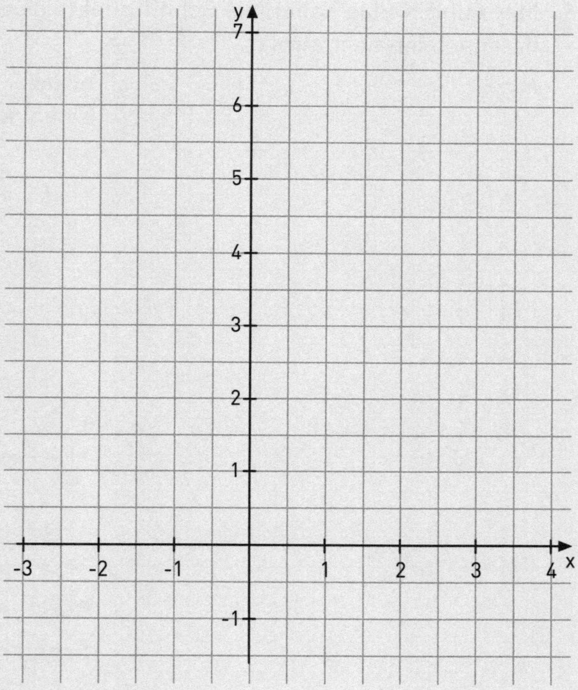

5. a) Zeichne die Graphen der linearen Gleichungen in das Koordinatensystem ein.

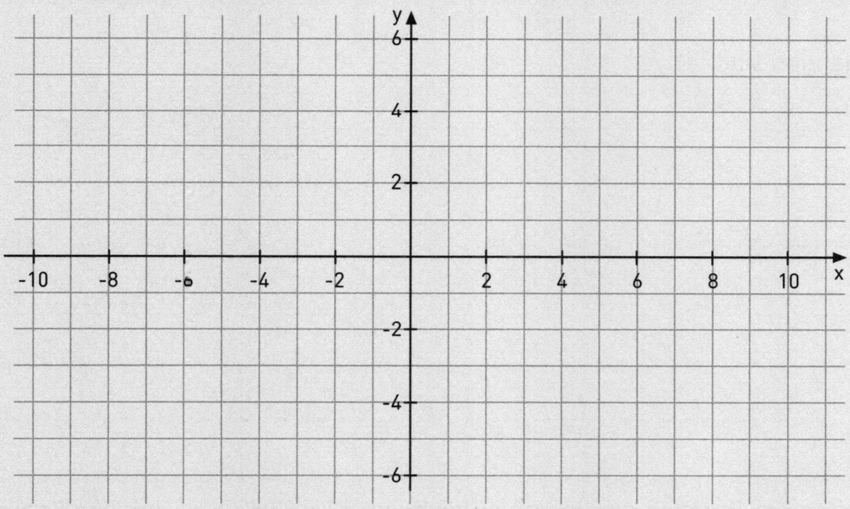

(1) $-0{,}5x + 2y = -5$
(2) $5x - 10y = 25$
(3) $1{,}9y = 7{,}6$

b) Bestimme die Schnittpunkte der Graphen mit den Koordinatenachsen.

	Schnittpunkt mit der x-Achse	Schnittpunkt mit der y-Achse
$-0{,}5x + 2y = -5$		
$5x - 10y = 25$		
$1{,}9y = 7{,}6$		

6. Maya und Niklas haben die Schnittpunkte des Graphen der linearen Gleichung $3x = y - 4$ mit den Koordinatenachsen bestimmt.

Maya:

$3x = 0 - 4 \quad |:3$

$x = -\frac{4}{3}$

$\left(-\frac{4}{3}\middle|0\right)$

$3 \cdot 0 = y - 4$

$0 = y - 4 \quad |+4$

$4 = y$

$(0|4)$

Niklas:

Eine lineare Gleichung lässt sich im Koordinatensystem einzeichnen.

$y - 4 = 3x \quad |+4$

$y = 3x + 4$

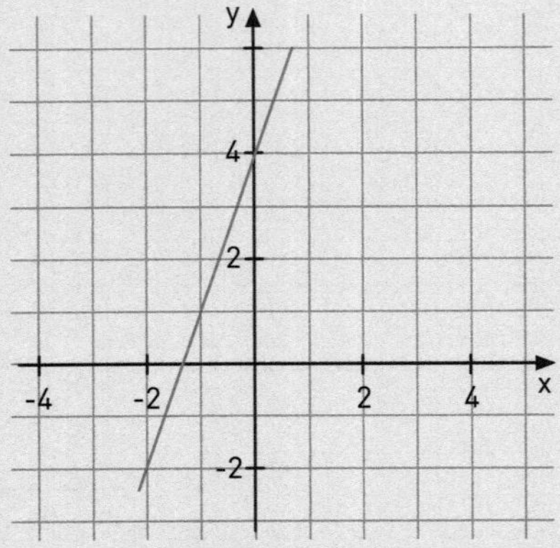

Durch Ablesen erhalte ich:

Schnittpunkt mit der x-Achse: $\left(-\frac{4}{3}\middle|0\right)$

Schnittpunkt mit der y-Achse: $(0|4)$

Probe: $0 - 4 = 3 \cdot \left(-\frac{4}{3}\right)$ $\qquad 4 - 4 = 3 \cdot 0$

$-4 = -4$ $\qquad 0 = 0$

a) Erläutere, wie sie vorgegangen sind.

b) Bestimme die Schnittpunkte des Graphen der linearen Gleichung $2{,}1x - 3{,}5y = 1{,}4$ mit den Koordinatenachsen. Löse zunächst grafisch und prüfe deine Ergebnisse rechnerisch.

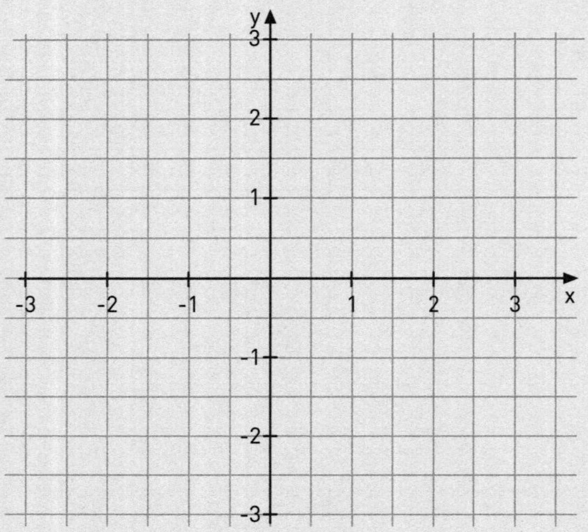

7. Herr Abel möchte seiner Frau einen Blumenstrauß schenken. Er schaut sich im Blumengeschäft um und entscheidet sich schließlich für Nelken und Rosen. Eine Rose kostet 1,20 €, eine Nelke 0,80 €.

a) Wie viele Rosen bzw. Nelken kann er für insgesamt 20 € kaufen? Notiere die Möglichkeiten in der Tabelle.

Rosen		2		6					
Nelken	25		19		13				

b) Bestimme die zugehörige lineare Gleichung.

....

c) Da Rosen die „Blumen der Liebe" sind, möchte Herr Abel einen Strauß mit doppelt so vielen Rosen wie Nelken verschenken. Prüfe, ob dies möglich ist.

....

Lineare Gleichungssysteme – Grafisches Lösungsverfahren

Information

Sind zwei lineare Gleichungen mit zwei Variablen gegeben, die durch **und** verknüpft sind, entsteht ein **lineares Gleichungssystem**.

Jedes Zahlenpaar, dessen Zahlen die erste **und** zugleich die zweite Gleichung des linearen Gleichungssystems erfüllen, ist eine Lösung dieses Gleichungssystems.

Beispiel:
$2x - 5y = 0$ **und** $x + y = 7$ oder kurz: $\left| \begin{array}{r} 2x - 5y = 0 \\ x + y = 7 \end{array} \right|$
Lösung: (5 | 2)
Probe: $2 \cdot 5 - 5 \cdot 2 = 0$ und $5 + 2 = 7$

Information

Ein lineares Gleichungssystem lässt sich grafisch lösen:
(1) Forme beide linearen Gleichungen so um, dass sich die Graphen gut zeichnen lassen. Zeichne diese in ein gemeinsames Koordinatensystem ein.
(2) Bestimme alle gemeinsamen Punkte der beiden Geraden. Jedes Zahlenpaar, das zugleich auf beiden Geraden liegt, ist eine Lösung des linearen Gleichungssystems.
(3) Führe eine Probe durch, indem du jedes Zahlenpaar in beide Gleichungen einsetzt.

8. Bestimme grafisch die Lösung des linearen Gleichungssystems.

a) $\left| \begin{array}{r} 0{,}5x - y = 2 \\ 2x + 4y = 4 \end{array} \right|$

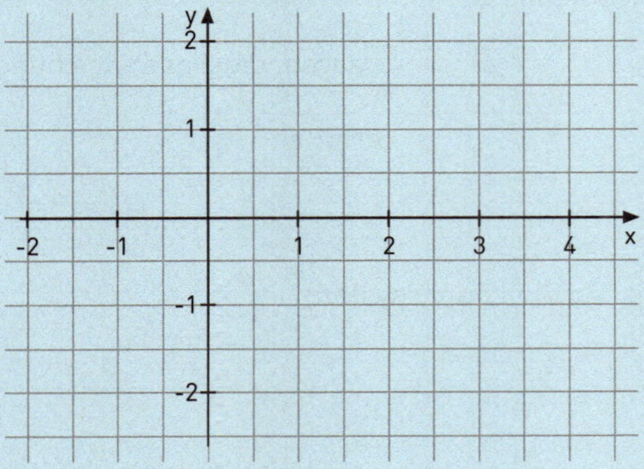

L = {(.........|.........)}

b) $\left| \begin{array}{r} -4x - 2y = 0 \\ 4x - 2y = 16 \end{array} \right|$

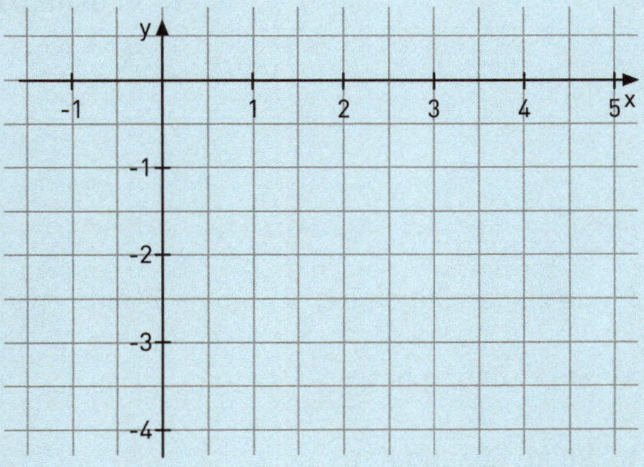

L = {(.........|.........)}

Information

Lineare Gleichungssysteme lassen sich grafisch lösen. Dabei gibt es drei verschiedene Möglichkeiten für die Lösungsmenge. Diese ist davon abhängig, wie die Geraden zueinander liegen:

(1) Die Geraden schneiden sich in einem Punkt, dann besteht die Lösungsmenge aus dem Schnittpunkt der beiden Geraden, also einem Zahlenpaar.

(2) Die Geraden liegen parallel zueinander. Sie haben keine gemeinsamen Punkte und die Lösungsmenge ist leer.

(3) Die Geraden fallen zusammen, sie liegen übereinander. Dann haben sie unendliche viele Punkte gemeinsam und die Lösungsmenge besteht aus unendlich vielen Zahlenpaaren, die beide Gleichungen erfüllen.

9. Betrachte die verschiedenen Möglichkeiten für die Lösungsmengen der linearen Gleichungssysteme. Vervollständige den Lückentext. Achte dabei besonders auf die Steigung der Geradengleichungen bzw. die y-Achsenabschnitte.

Sonderfälle bei Lösungsmengen

1. Fall

$$\left| \begin{array}{l} y = 3x + 3 \\ y = -x - 1 \end{array} \right|$$

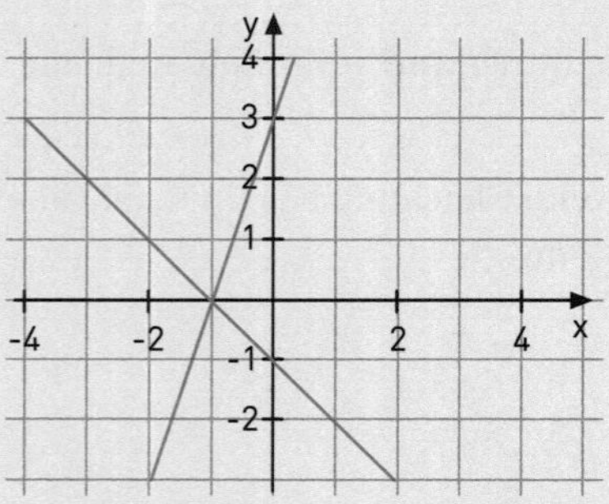

Die Steigung beider Geraden ist ...., sie schneiden sich in .... Punkt. Das Gleichungssystem hat .... Lösung. Die Lösungsmenge besteht aus .... Zahlenpaar.

L = ...

2. Fall

$$\left| \begin{array}{l} y = -\frac{1}{2}x + 1 \\ y = -\frac{1}{2}x - 3 \end{array} \right|$$

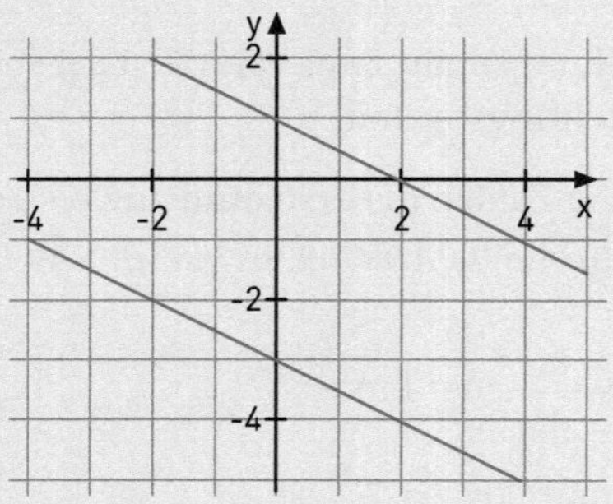

Die Steigung beider Geraden ist ...., die y-Achsenabschnitte sind .... Die Geraden schneiden sich ...., sondern liegen .... zueinander. Das Gleichungssystem hat .... Lösung. Die Lösungsmenge ist ....

L = ...

3. Fall

$$\left| \begin{array}{l} y = 2x - 1{,}5 \\ 2y = 4x - 3 \end{array} \right|$$

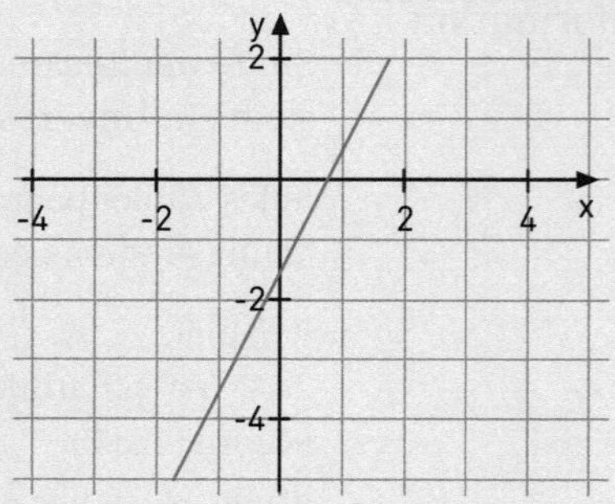

Die Steigung beider Geraden ist ...., die y-Achsenabschnitte sind .... Die Geraden .... Das Gleichungssystem hat .... viele Lösungen. Die Lösungsmenge besteht aus .... vielen Zahlenpaaren, die diese Gleichungen erfüllen.

L = ...

10. Finde zu der Gleichung $y = 1{,}5x + 2$ eine zweite, sodass das Gleichungssystem

a) eine Lösung hat: ....

b) keine Lösung hat: ....

Lineare Gleichungssysteme – Rechnerische Lösungsverfahren

Gleichsetzungsverfahren

Information

$\left| \begin{array}{l} y + 5 = 4x \\ y - 3x = -7 \end{array} \right|$

(1) Löse die beiden Gleichungen nach einer gemeinsamen Variablen auf. Im Beispiel wird nach y aufgelöst.

$\left| \begin{array}{l} y = 4x - 5 \\ y = 3x - 7 \end{array} \right|$

$\left| \begin{array}{r} y = 4x - 5 \\ 4x - 5 = 3x - 7 \end{array} \right|$

(2) Behalte eine der beiden Gleichungen mit zwei Variablen bei. Setze die beiden Gleichungen gleich, so erhältst du eine Gleichung mit nur noch einer Variablen (hier x).

$\left| \begin{array}{l} y = 4x - 5 \\ x = -2 \end{array} \right|$

(3) Löse die Gleichung mit nur einer Variablen nach dieser auf. So erhältst du einen Wert des Lösungspaares.

$\left| \begin{array}{l} y = 4 \cdot (-2) - 5 \\ x = -2 \end{array} \right|$

(4) Setze diesen Wert in die andere Gleichung ein, um den zweiten Wert des Lösungspaares zu berechnen.

$\left| \begin{array}{l} y = -13 \\ x = -2 \end{array} \right|$

$L = \{(-2 \mid -13)\}$

(5) Gib die Lösungsmenge an.

Probe:

$\left| \begin{array}{l} -13 + 5 = 4 \cdot (-2) \\ -13 - 3 \cdot (-2) = -7 \end{array} \right|$

Du kannst eine Probe machen, indem du die Werte deines Lösungspaares in die beiden Gleichungen des linearen Gleichungssystems einsetzt. Wenn beide Gleichungen dann eine wahre Aussage liefern, ist das Zahlenpaar eine Lösung des linearen Gleichungssystems.

11. Bestimme die Lösungsmenge des linearen Gleichungssystems mithilfe des Gleichsetzungsverfahrens. Mache anschließend eine Probe.

a) $\left| \begin{array}{l} y = 2x - 1 \\ y = -x + 5 \end{array} \right|$

b) $\left| \begin{array}{r} 3x - 4y = 2 \\ x - 4y = -2 \end{array} \right|$

c) $\left| \begin{array}{l} 2a - 5b = 1 \\ 7b - 1 = 2a \end{array} \right|$

Einsetzungsverfahren

Information

$$\left|\begin{array}{l} y+5=4x \\ y-3x=-7 \end{array}\right|$$

(1) Löse die beiden Gleichungen nach einer gemeinsamen Variablen auf. Im Beispiel wird Gleichung 1 nach y aufgelöst.

$$\left|\begin{array}{l} y=4x-5 \\ y-3x=-7 \end{array}\right|$$

$$\left|\begin{array}{l} y=4x-5 \\ 4x-5-3x=-7 \end{array}\right|$$

(2) Behalte eine der beiden Gleichungen mit zwei Variablen bei. Setze die aufgelöste Gleichung in die andere Gleichung ein, so erhältst du eine Gleichung mit nur noch einer Variablen (hier x).

$$\left|\begin{array}{l} y=4x-5 \\ x=-2 \end{array}\right|$$

(3) Löse die Gleichung mit nur einer Variablen nach dieser auf. So erhältst du einen Wert des Lösungspaares.

$$\left|\begin{array}{l} y=-13 \\ x=-2 \end{array}\right|$$

(4) Setze diesen Wert in die andere Gleichung ein, um den zweiten Wert des Lösungspaares zu berechnen.

$L=\{(-2\,|-13)\}$

(5) Gib die Lösungsmenge an.

Probe:

$$\left|\begin{array}{l} -13+5=4\cdot(-2) \\ -13-3\cdot(-2)=-7 \end{array}\right|$$

Du kannst eine Probe machen, indem du die Werte deines Lösungspaares in die beiden Gleichungen des linearen Gleichungssystems einsetzt. Wenn beide Gleichungen dann eine wahre Aussage liefern, ist das Zahlenpaar eine Lösung des linearen Gleichungssystems.

12. Bestimme die Lösungsmenge des linearen Gleichungssystems mithilfe des Einsetzungsverfahrens. Mache anschließend eine Probe.

a) $\left|\begin{array}{l} x-2y=8 \\ 1{,}5x-10y=5 \end{array}\right|$

b) $\left|\begin{array}{l} 2x-4y=-2 \\ 7x-5y=11 \end{array}\right|$

c) $\left|\begin{array}{l} 4c-2d=10 \\ c=2+3d \end{array}\right|$

13. In einem gleichschenkligen Dreieck liegt der Winkel γ der Basis gegenüber. Dieser Winkel γ soll viermal so groß sein wie die Basiswinkel α bzw. β. Bestimme die Größe der Winkel α, β und γ.

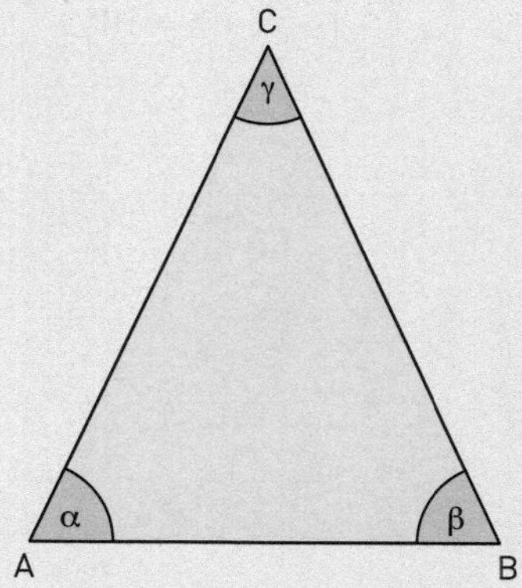

Additionsverfahren

Information

$\left|\begin{array}{l} y + 5 = 4x \\ y - 3x = -7 \end{array}\right| \quad | \cdot (-1)$

$\left|\begin{array}{l} -y - 5 = -4x \\ y - 3x = -7 \end{array}\right|$

(1) Multipliziere (oder dividiere) eine oder beide Gleichungen mit einer von 0 verschiedenen Zahl, so dass die Koeffizienten einer Variablen in beiden Gleichungen Gegenzahlen voneinander sind.

$\left|\begin{array}{l} -5 - 3x = -4x - 7 \\ y - 3x = -7 \end{array}\right|$

(2) Behalte eine der beiden Gleichungen mit zwei Variablen bei. Addiere die beiden Gleichungen.

$\left|\begin{array}{l} x = -2 \\ y - 3x = -7 \end{array}\right|$

(3) Löse die Gleichung mit nur einer Variablen nach dieser auf. So erhältst du einen Wert des Lösungspaares.

$\left|\begin{array}{l} x = -2 \\ y = -13 \end{array}\right|$

(4) Setze diesen Wert in die andere Gleichung ein, um den zweiten Wert des Lösungspaares zu berechnen.

$L = \{(-2 \mid -13)\}$

(5) Gib die Lösungsmenge an.

Probe:

$\left|\begin{array}{l} -13 + 5 = 4 \cdot (-2) \\ -13 - 3 \cdot (-2) = -7 \end{array}\right|$

Du kannst eine Probe machen, indem du die Werte deines Lösungspaares in die beiden Gleichungen des linearen Gleichungssystems einsetzt. Wenn beide Gleichungen dann eine wahre Aussage liefern, ist das Zahlenpaar eine Lösung des linearen Gleichungssystems.

14. Bestimme die Lösungsmenge des linearen Gleichungssystems mithilfe des Additionsverfahrens. Mache anschließend eine Frobe.

a) $\left|\begin{array}{l} 3x + 3y = 21 \\ 1{,}5x - 1{,}5y = 4{,}5 \end{array}\right|$

b) $\left|\begin{array}{l} -7x - y = -10 \\ 6x + 2y = 12 \end{array}\right|$

c) $\left|\begin{array}{l} 24a + 7b = 27 \\ -8a + 33b = -115 \end{array}\right|$

15. a) Löse rechnerisch die beiden linearen Gleichungssysteme mit einem Verfahren deiner Wahl.

Sonderfälle bei Lösungsmengen

(1) $\left| \begin{array}{r} 2x = 2 - 4y \\ -5x + 5 = 10y \end{array} \right|$

(2) $\left| \begin{array}{r} x - 1{,}5y = 1 \\ -6x + 9y = 6 \end{array} \right|$

b) Kiara hat diese Gleichungssysteme gelöst, indem sie die zugehörigen Geraden gezeichnet hat. Erkläre den Zusammenhang zwischen deiner Lösung aus a) und Kiaras Lösung.

(1) $\left| \begin{array}{r} 2x = 2 - 4y \\ -5x + 5 = 10y \end{array} \right|$

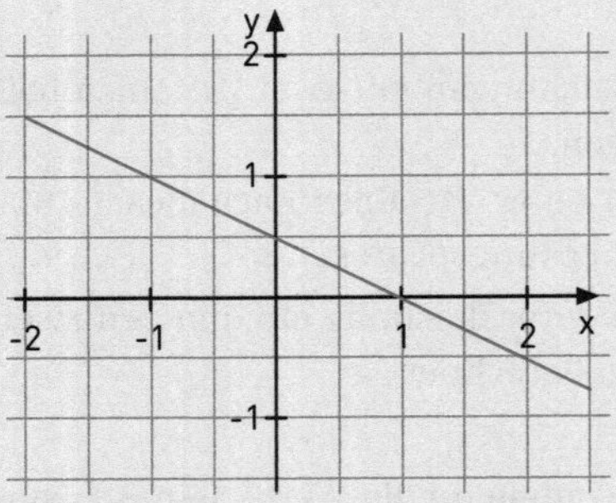

Die beiden Geraden fallen aufeinander, sie haben unendlich viele gemeinsame Punkte, d.h. die Lösungsmenge enthält unendlich viele Zahlenpaare.

....

....

....

(2) $\left| \begin{array}{r} x - 1{,}5y = 1 \\ -6x + 9y = 6 \end{array} \right|$

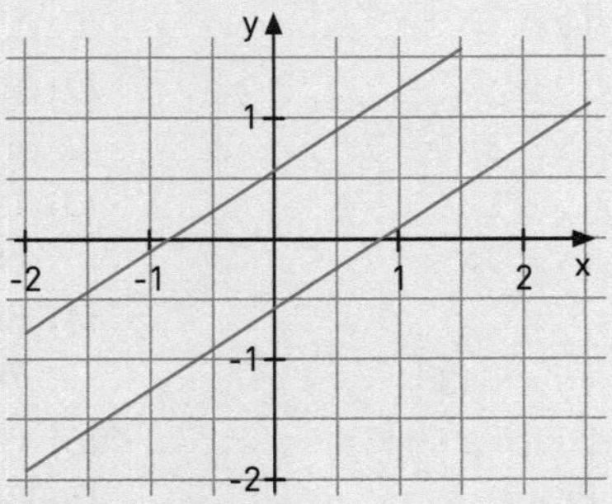

Die beiden Geraden sind parallel zueinander, sie haben keine gemeinsamen Punkte, d.h. die Lösungsmenge ist leer.

....

....

....

16. Auf einem Jahrmarkt herrscht so viel Gedränge, dass Milo nicht erkennen kann, wie teuer die angebotenen Würstchen und Pommes sind. Er hört von den vorangegangenen Kunden:

Was kostet eine Portion Pommes bzw. ein Würstchen?

Lege zunächst die Variablen fest:

x:

y:

Stelle die zugehörigen Gleichungen auf:

Löse das lineare Gleichungssystem:

Interpretiere dein Ergebnis im Sachzusammenhang.

17. Bestimme die Lösungsmenge des linearen Gleichungssystems unter Verwendung eines Lösungsverfahrens, das jeweils geeignet erscheint.

a) $\left| \begin{array}{l} y = 2 + x \\ 2x - 2y = 5 \end{array} \right|$ **b)** $\left| \begin{array}{l} y = 5 - 4x \\ 3y + 12x = 15 \end{array} \right|$ **c)** $\left| \begin{array}{l} y = 2x - 1 \\ y = -0{,}5x + 9 \end{array} \right|$ **d)** $\left| \begin{array}{r} x - 2y = 5 \\ 3x - y = 0 \end{array} \right|$

18. Die Stromanbieter „Volle Energie“ und „Sparstrom“ bieten nebenstehende Tarife an. Familie Offergeld ist bisher Kunde bei „Sparstrom“ und hat im vergangenen Jahr 3300 kWh Strom verbraucht. Ab welchem Verbrauch würde sich ein Anbieterwechsel zu „Volle Energie“ lohnen? Berechne und begründe.

Volle Energie 300 € p. a.
Grundgebühr $0{,}22 \frac{€}{kWh}$

Sparstrom 96 € p. a.
Grundgebühr $0{,}28 \frac{€}{kWh}$

19. Christian und Max haben auf dem Basketballplatz das „Körbe werfen" geübt. Sie haben dabei insgesamt 77-mal getroffen. Max freut sich:

„Und nicht nur das: Ich habe auch $1\frac{3}{4}$-mal so viele Treffer gehabt wie Christian".

Berechne, wie viele Treffer die beiden Jungs erzielt haben.

20. Bestimme die Lösungsmenge des linearen Gleichungssystems mit einem geeigneten Lösungsverfahren.

a) $\left|\begin{array}{l} 2x + y = 1 \\ 2y = 2 - 4x \end{array}\right|$

b) $\left|\begin{array}{l} 3x + 3y = 6 \\ 4x - 12y = 16 \end{array}\right|$

Beginn: .... Abgabe: ....

Klassenarbeit 3.1

Themen: Lineare Gleichung mit zwei Variablen, grafisches und rechnerisches Bestimmen der Lösungsmenge, Gleichsetzungs-, Einsetzungs- Additionsverfahren, Prozentrechnung (Wdh.)

1. Bestimme die fehlende Koordinate so, dass sich eine Lösung für die Gleichung $3 + 2x = 5y$ ergibt.

P(.........| 1) Q(−1,5 | ....) R(......... | −2) S(−1 | ....) T(0 | ....)

.... 5

2. Frederik behauptet: Die Zahlenpaare (−2 | 0); (2 | 3) und (4 | 6) können nicht alle Lösungen einer einzigen linearen Gleichung sein.
Prüfe grafisch und nimm zu Frederiks Behauptung Stellung.

....

....

....

....

....

....

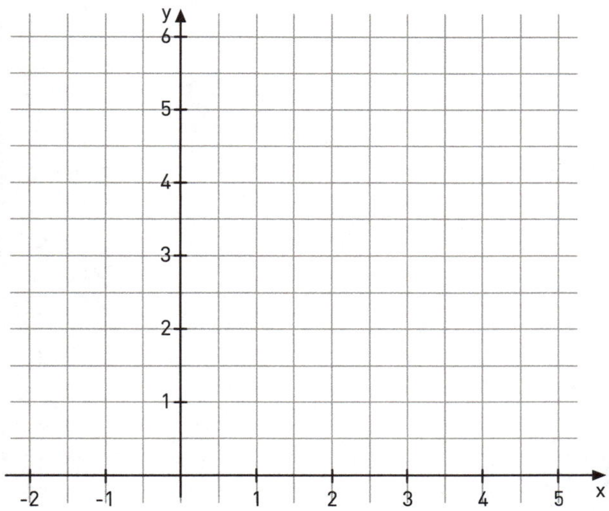

.... 4

3. Gib zu dem Graphen eine passende lineare Gleichung mit zwei Variablen an; notiere diese auch in der Kurzform. Gehört die Gerade zu einer linearen Funktion? Begründe!

a)

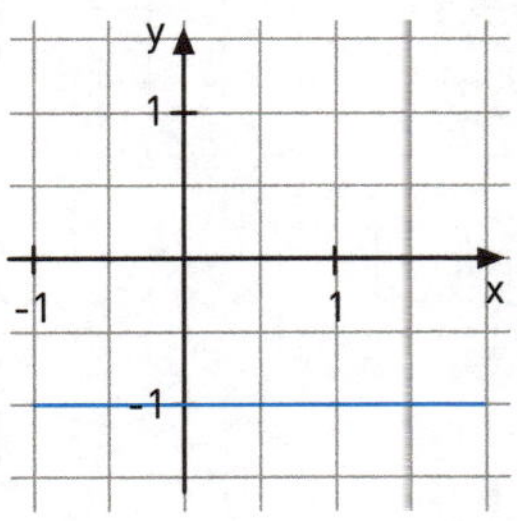

b)

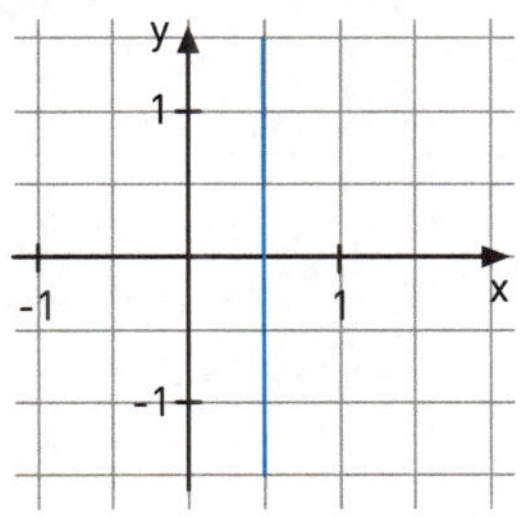

c)

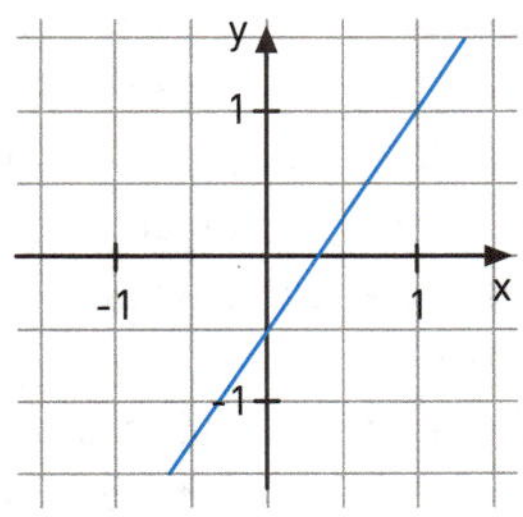

....

....

.... 6

4. Gegeben sind die beiden Gleichungen $\left| \begin{array}{l} 2y - 4x = -6 \\ y = -3x + 1 \end{array} \right|$.

a) Löse das lineare Gleichungssystem grafisch.

....

b) Prüfe deine Lösung aus a) rechnerisch.

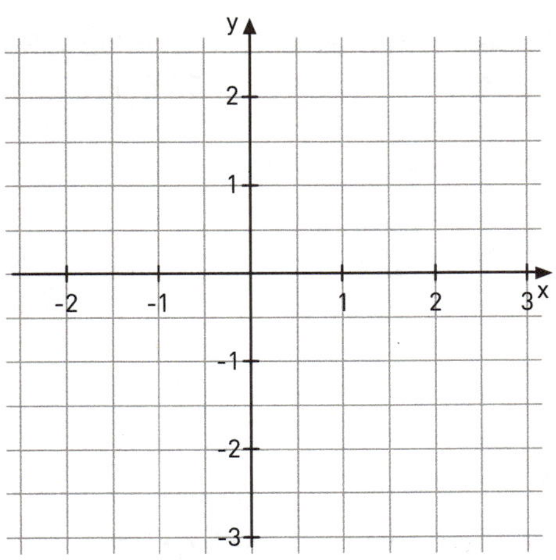

.... 7

5. Bestimme die Lösungsmenge des Gleichungssystems.

a) $\left| \begin{array}{l} 2x + y = 4 \\ y = 3x + 2 \end{array} \right|$

b) $\left| \begin{array}{l} 6x = 12 + y \\ 3x = -12 + 2y \end{array} \right|$

....
10

6. Für das Schulkonzert der Bigband wurden insgesamt 350 Eintrittskarten verkauft.
Der Preis für Erwachsene beträgt 4 €, der für Schüler 1,50 €. Es wurden genau 1000 € erwirtschaftet.

a) Wie viele Schüler besuchten das Konzert?

b) Wie teuer müssten die Erwachsenenkarten sein, wenn bei gleicher Kartenanzahl beim nächsten Mal 1475 € eingenommen werden sollen?

....
9

7. Auf dem Klassenfest der Klasse 8 a erscheinen 3 Mädchen im Rock. Jette bemerkt, dass dies 60 % aller Mädchen, jedoch nur 12 % aller anwesenden Mitschüler ist. Wie viele Jungen sind auf dem Fest?

....
6

....
47

Gesamtpunktzahl

47 – 35 Punkte	34 – 24 Punkte	23 – 0 Punkte
☺	😐	☹

Beginn: .... Abgabe: ....

Klassenarbeit 3.2

Themen: Lineare Gleichung mit zwei Variablen, Punktprobe, grafisches und rechnerisches Bestimmen der Lösungsmenge, Gleichsetzungs-, Einsetzungs- Additionsverfahren, Einheiten umwandeln (Wdh.)

1. Ist das Zahlenpaar eine Lösung der Gleichung $7x - 5y = 3$? Kreuze die richtigen an.

☐ (1 | 2) ☐ (−1 | −2) ☐ (0 | −0,6) ☐ (−4 | −5) ☐ (0,5 | 0,1)

.... 5

2. Zeichne die zur Gleichung $x + 3y = 6$ gehörige Gerade.

a) Nenne drei Punkte auf dem Graphen, die eine Lösung der Gleichung sind:

P(.......... | ....) Q(.......... | ....)

R(.......... | ....)

b) Nenne zwei Punkte auf dem Graphen, die keine Lösung der Gleichung sind:

T(.......... | ....) V(.......... | ....)

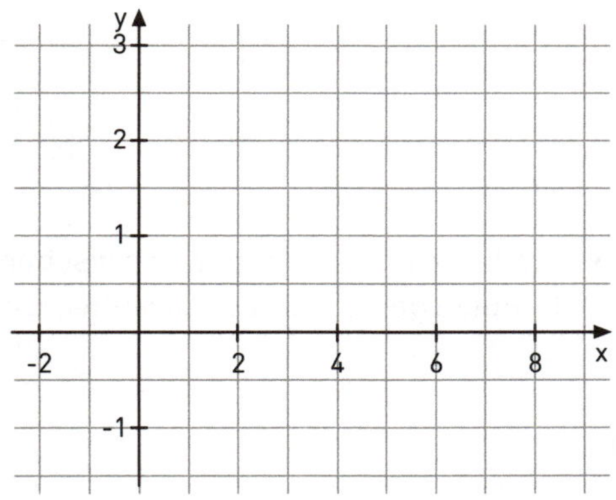

.... 6

3. Bestimme die Lösungsmenge des Gleichungssystems.

a) $\left| \begin{array}{l} 5x - 2y = 9 \\ 10x - 4y = 6 \end{array} \right|$

b) $\left| \begin{array}{l} 3x + 3y = 6 \\ 4x - 12y = 16 \end{array} \right|$

.... 9

4. In den Sommerferien findet ein Zeltlager statt. Insgesamt haben sich 86 Personen angemeldet, die auf 24 Zelte aufgeteilt werden. Es gibt 3-Personen-Zelte, in denen die Jungs schlafen werden und 4-Personen-Zelte, in denen die Mädchen untergebracht sind. Wie viele Mädchen nehmen an diesem Zeltlager teil?

.... 7

5. Stelle den Zusammenhang zwischen dem Additions- und dem Subtraktionsverfahren dar. Benutze ggf. ein selbstgewähltes Beispiel.

.... 4

6. Wandle in die angegebene Einheit um.

a) $240\,m^2$ = ... cm^2

b) $97\,cm^2$ = ... mm^2

c) $4{,}05\,cm^2$ = ... mm^2

d) $5{,}9\,m^3$ = ... cm^3

e) $55\,dm^3$ = ... mm^3

f) $2\,m^3$ = ... l

.... 6

.... 37

Gesamtpunktzahl

37 – 28 Punkte	27 – 19 Punkte	18 – 0 Punkte
☺	😐	☹

Beginn: .... Abgabe: ....

Klassenarbeit 3.3

Themen: Punktprobe, Lineare Gleichung mit zwei Variablen, grafisches und rechnerisches Bestimmen der Lösungsmenge, Gleichsetzungs-, Einsetzungs- Additionsverfahren, Terme (Wdh.)

1. Bestimme die fehlenden Angaben in der linearen Gleichung oder der angegebenen Lösung.

a) $4x + 3y = 47$ (.......... | 9)

b) .... $x + y = 14$ (−6 | −10)

c) $-2x +$ .... $y = 15$ (2,4 | 6,6)

d) $\frac{1}{5}x - \frac{1}{6}y = \frac{1}{3}$ ($\frac{5}{4}$ | ....)

.... / 6

2. Löse grafisch.
Graph A: $2x - y = 5$
Graph B: $x + y = 7$

a) Bestimme die Schnittpunkte der Graphen mit der x-Achse.

Graph A: (.......... | ....); Graph B: (.......... | ....)

b) Bestimme den gemeinsamen Punkt beider Graphen.

S(.......... | ....)

c) Verändere die Gleichung von Graph B so, dass die Lösungsmenge des linearen Gleichungssystems die leere Menge ist.

....

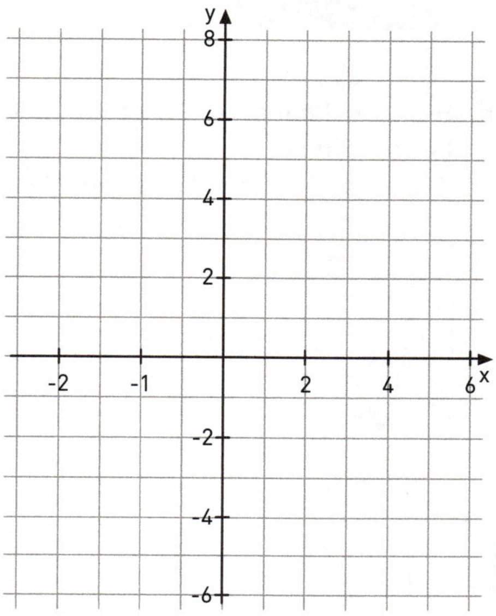

.... / 7

3. Bestimme die Lösungsmenge des Gleichungssystems.

a) $\left| \begin{array}{l} y = 6x - 12 \\ y = 8x + 14 \end{array} \right|$

b) $\left| \begin{array}{l} 2x + y = 1 \\ -y = x - 2 \end{array} \right|$

.... / 10

4. Welche Zahlen hat sich Lukas ausgedacht?

……… 4

5. Heute ist Leonards Mutter dreimal so alt wie Leonard. In zehn Jahren wird sie viermal so alt sein, wie Leonard heute.
Wie alt sind Leonard und seine Mutter?

……… 6

6. Berechne den Wert des Terms.

a) $\left(\frac{1}{6}\right) \cdot \left(-\frac{6}{7}\right) + 0{,}25 \cdot \left(-\frac{4}{7}\right)$ **b)** $12 \cdot \left(-\frac{3}{4}\right)^2 - 8 \cdot (1{,}5)^3$ **c)** $[-90 + (-6 - 4) \cdot 2] : (-5)$

……… 9

……… 42

Gesamtpunktzahl

42 – 32 Punkte	31 – 21 Punkte	20 – 0 Punkte
☺	😐	☹

4. Daten und Zufall

Zum Aufwärmen: Verstehen und Üben

Zweistufige Zufallsexperimente – Baumdiagramme

Information

(1) Zweistufige Zufallsexperimente
Manche Zufallsexperimente werden in zwei Schritten *nacheinander* durchgeführt.

Beispiele:
- Jemand wirft zweimal nacheinander eine Münze.
- Aus einer Schale mit Losen wird zweimal nacheinander ein Los gezogen.
- Mit einem Spielwürfel wird zweimal nacheinander gewürfelt.

(2) **Baumdiagramme – Pfad in einem Baumdiagramm**
Zweistufige Zufallsexperimente lassen sich übersichtlich in einem Baumdiagramm darstellen. Zu jedem der möglichen Ergebnisse des Zufallsexperiments gehört ein sogenannter **Pfad** im Baumdiagramm. Er beginnt an der Wurzel des Baums (links), verläuft über die Verzweigungen und endet mit der zweiten Stufe (rechts). Am Pfad wird jeweils die Wahrscheinlichkeit der beiden Stufen des Zufallsexperiments notiert. Jedes Ergebnis kann man als Paar notieren: (Z | W) bedeutet, erst Wappen und dann Zahl zu werfen.

Beispiel:
Zweifacher Münzwurf mit den Ergebnissen (W)appen und (Z)ahl

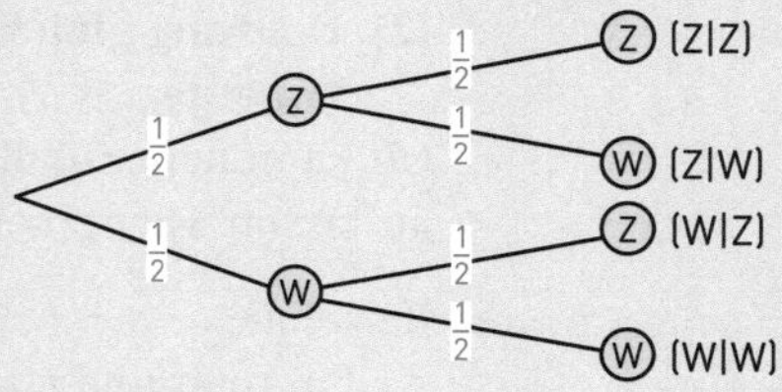

1. An einer Tischgruppe der Klasse 8a sitzen Anna, Lena, Tim und Paul. Alle haben an einem Projekt gearbeitet, das nun von zweien vorgestellt werden soll. Dazu schreiben sie ihre Namen auf Zettel und falten sie. Der Lehrer zieht zufällig zwei Zettel heraus.

a) Zeichne für das Zufallsexperiment ein Baumdiagramm.

b) Bei welchen Pfaden werden Anna und Lena ausgewählt?

c) Bei wie vielen Pfaden wird ein Mädchen und ein Junge ausgewählt?

d) Bei wie vielen Pfaden ist Paul dabei?

2. Zwei Schüler denken sich jeweils eine Zahl aus. Sie kann gerade (g) oder ungerade (u) sein.

a) Stelle das Zufallsexperiment in einem Baumdiagramm dar.

b) Markiere den Pfad, der zu den beiden ungeraden Zahlen gehört.

c) Bei welchen Pfaden ist die Summe der zwei Zahlen ungerade?

Information

(1) Summenprobe im Baumdiagramm
Trägt man in ein vollständig gezeichnetes Baumdiagramm an den einzelnen Strecken alle Wahrscheinlichkeiten ein, so ist **immer** eine Kontrolle möglich: Die Summe der Wahrscheinlichkeiten nach jeder Verzweigung bis zur nächsten Stufe ist immer 1.

(2) Deutung gleichzeitig durchgeführter Zufallsexperimente als zweistufige Zufallsexperimente
Oft kann man Zufallsexperimente, bei denen zwei Vorgänge gleichzeitig erfolgen, als zweistufig auffassen. Hier spielt es keine Rolle, welchen Vorgang man als 1. oder 2. Stufe ansieht.

Beispiele:
- Ein roter und ein blauer Würfel werden gleichzeitig geworfen.
- Zwei unterschiedliche Münzen werden gleichzeitig geworfen.
- Zwei Lose werden gleichzeitig aus einer Lostrommel gezogen.

3. In der Klasse 8b eines Dortmunder Gymnasiums wird eine Umfrage durchgeführt. Zuerst muss das Geschlecht angekreuzt werden, dann wird nach dem Lieblings-Fußballverein gefragt (Borussia Dortmund, Schalke 04, anderer Verein). Die Erhebung wird in folgendem Baumdiagramm dargestellt.

a) Ergänze die fehlenden Wahrscheinlichkeiten.

b) Zeichne ein Baumdiagramm, bei dem zuerst nach dem Lieblingsverein und dann nach dem Geschlecht unterschieden wird.

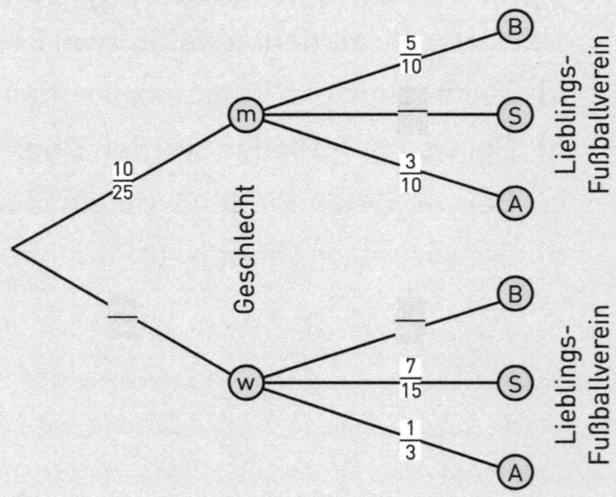

4. Eine Münze wird zweimal geworfen. Sie zeigt entweder Zahl (Z) oder Wappen (W). Beschreibe die folgenden Ereignisse in Worten.

a) $E_1 = \{(W|W); (Z|Z)\}$ **b)** $E_2 = \{(Z|W); (W|Z)\}$ **c)** $E_3 = \{(Z|Z); (W|Z); (Z|W)\}$ **d)** $E_4 = \{(Z|W); (Z|Z)\}$

Pfadregeln

Information

Pfadmultiplikationsregel
Die Wahrscheinlichkeit eines Pfades ist gleich dem Produkt der Wahrscheinlichkeiten längs des Pfades.

Pfadadditionsregel
Gehören zu einem Ereignis mehrere Pfade in einem Baumdiagramm, dann erhält man die Wahrscheinlichkeit des Ereignisses, indem man die Pfadwahrscheinlichkeiten der einzelnen zu dem Ereignis gehörenden Ergebnisse addiert.

(1) Ziehen mit Zurücklegen – Ziehen ohne Zurücklegen
Viele Zufallsexperimente können als Ziehung von Kugeln aus einem Gefäß ausgelegt werden. Legt man die gezogene Kugel wieder in das Gefäß zurück, bevor man das zweite Mal zieht, so stimmen die Wahrscheinlichkeiten der Ergebnisse der zweiten Stufe des Baumdiagramms mit denen der ersten Stufe überein. Legt man dagegen die zuerst gezogene Kugel nicht in das Gefäß zurück, so hat sich der Gefäßinhalt geändert und die Wahrscheinlichkeiten beim zweiten Ziehen hängen davon ab, welche Kugel man zuerst gezogen hat.

(2) Komplementärregel – Wiederholung
Die Wahrscheinlichkeit $P(E)$ eines Ereignisses E und die Wahrscheinlichkeit $P(\overline{E})$ des zugehörigen Gegenereignisses $\overline{E}$ ergänzen sich zu 1:
$P(E) + P(\overline{E}) = 1$.

5. In einem Gefäß sind drei Kugeln mit den Ziffern 1, 2 und 3. Nacheinander werden zwei Kugeln gezogen und nicht wieder zurückgelegt.

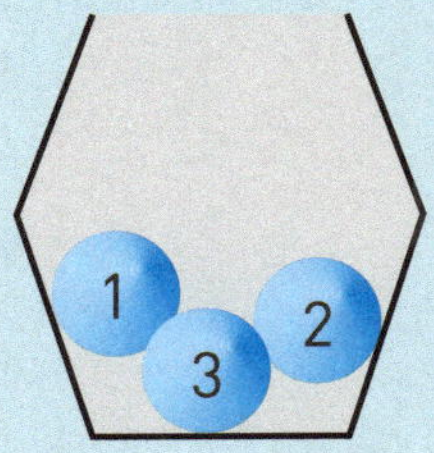

a) Stelle das Zufallsexperiment in einem Baumdiagramm dar.

b) Mit welcher Wahrscheinlichkeit wird zuerst Kugel 1 und dann Kugel 2 gezogen?

c) Mit welcher Wahrscheinlichkeit befindet sich nach dem Ziehen nur noch die Kugel 1 in der Urne?

d) Mit welcher Wahrscheinlichkeit sind die Ziffern auf den zwei Kugeln benachbarte natürliche Zahlen?

6. Ein Glücksrad darf zweimal gedreht werden.

a) Mit welcher Wahrscheinlichkeit wird erst eine 1 und dann eine 3 gedreht?

b) Mit welcher Wahrscheinlichkeit wird zweimal die gleiche Zahl gedreht?

c) Nun werden die beiden Zahlen addiert. Mit welcher Wahrscheinlichkeit ergibt sich 4 als Summe der beiden Zahlen?

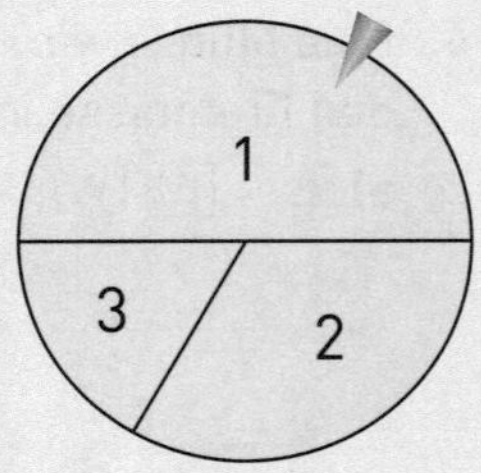

Streuung bei Häufigkeitsverteilungen – Boxplots

Information

(1) Boxplots – Quartile

Ein Boxplot ist folgendermaßen aufgebaut:

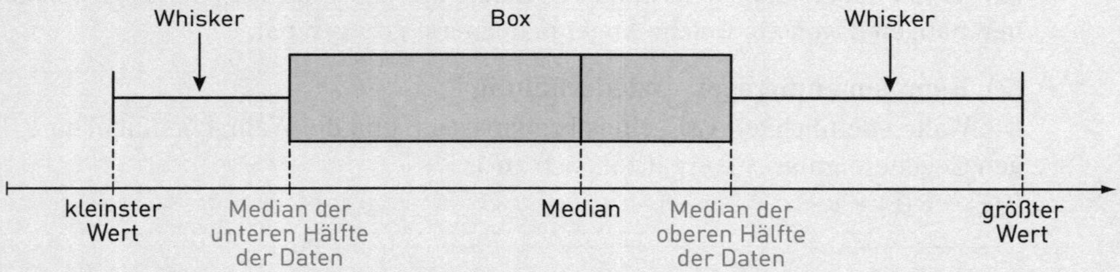

Im Bereich der Box befindet sich die Hälfte der Werte. Der Median der Daten ist zusätzlich gekennzeichnet. Die *Whisker* verbinden die Box mit dem kleinsten und größten Wert. Die Differenz zwischen dem größten und kleinsten Wert bezeichnet man als Spannweite. Der Median der unteren Hälfte wird auch als *unteres Quartil* bezeichnet, der Median der oberen Hälfte als *oberes Quartil*.

(2) Ausreißer bei Boxplots

Man findet sehr häufig Abbildungen von Boxplots, bei denen die Whisker nicht bis zum kleinsten bzw. größten Wert durchgezeichnet werden, sondern bei denen die Länge auf das 1,5-fache des Quartilabstandes beschränkt ist. Hierdurch werden Daten außerhalb dieses Bereichs als sogenannte Ausreißer herausgestellt.

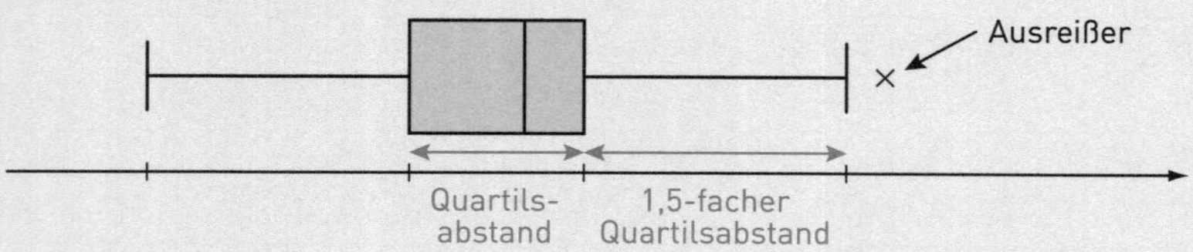

7. Die Schülerinnen einer 8. Klasse notieren ihre Körpergrößen.

Anna 164 cm   Celine 173 cm   Dana 158 cm   Alicia 162 cm   Lara 155 cm   Samira 150 cm
Laura 170 cm   Mareile 165 cm   Ilona 174 cm   Melissa 169 cm   Carolina 157 cm

a) Erstelle ein Boxplot für die Körpergrößen der Mädchen.

b) Gibt es Ausreißer bei den Körpergrößen?

8. Bei einem Wurf mit einem Dartpfeil wurden folgende Punkte erzielt.

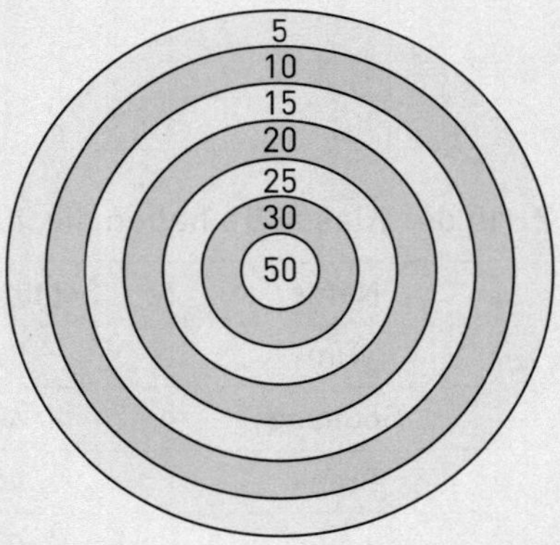

Jan: 25   Stefan: 50   Tim: 20   Mohammed: 20
Mats: 15   Melih: 25   Fabian: 20   Julian: 25
Mirco: 30   Kilian: 5   Kevin: 10

a) Erstelle ein Boxplot für die geworfene Punktzahl.

b) Gibt es Ausreißer?

45 min

Beginn: .... Ende: ....

Klassenarbeit 4.1

Themen: Zweistufige Zufallsexperimente, Baumdiagramme, Pfadregeln, Boxplots, lineare Funktionen und ihre Graphen (Wdh.)

1. Bei einem Schulfest gibt es ein fünfeckiges und ein dreieckiges Glücksrad. Es wird gleichzeitig an den Glücksrädern gedreht.

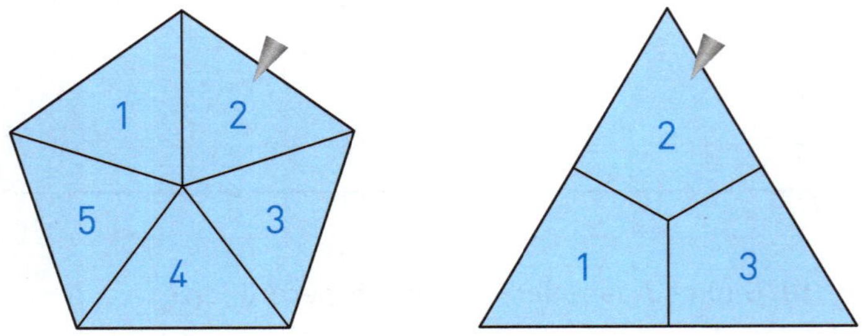

a) Stelle das Zufallsexperiment in einem Baumdiagramm dar.

b) Mit welcher Wahrscheinlichkeit zeigen beide Glücksräder die gleiche Zahl?

c) Mit welcher Wahrscheinlichkeit ist die Summe der Ergebnisse 6?

.... 7

2. In der Klasse 8 a haben die Jungen ihre Schuhgrößen notiert:

Name	Schuhgröße
Tim	39
Soufiane	42
Frank	44
Justin	40
Michael	45
Steven	41
Yannik	42
Chris	43
Marcel	47
Torben	43
Joel	42

Boxplot

a) Berechne den Median der notierten Schuhgrößen.

b) Erstelle ein Boxplot für die Schuhgrößen.

c) Berechne das arithmetische Mittel der Schuhgrößen und vergleiche es mit dem Median.

.... 7

3. Zu einem zweistufigen Zufallsexperiment wurde folgendes Baumdiagramm erstellt, in dem noch einige Angaben fehlen.
Berechne die fehlenden Wahrscheinlichkeiten und trage sie in die Kästchen ein.

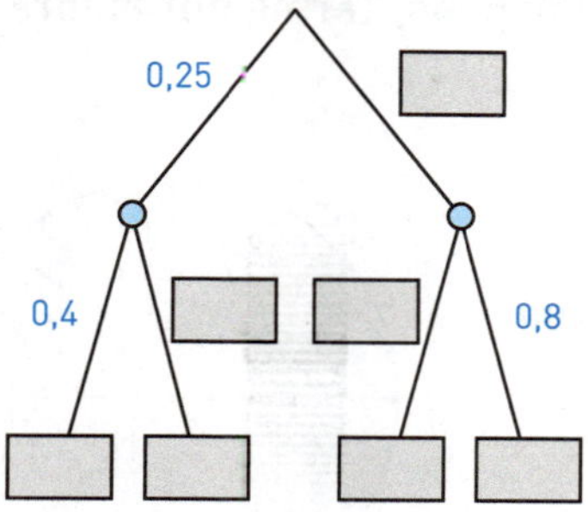

……… 7

4. Zwei Würfel werden nacheinander geworfen.

a) Mit welcher Wahrscheinlichkeit erhält man einen Pasch, d. h. beide Würfel zeigen die gleiche Augenzahl an? ………………………

b) Mit welcher Wahrscheinlichkeit sind beide Augenzahlen gerade? ………………………

c) Mit welcher Wahrscheinlichkeit beträgt die Summe der Augenzahlen 7? ………………………

……… 9

5. Jede der drei Geraden stellt den Graphen einer linearen Funktion dar. Bestimme die Funktionsgleichung der Geraden durch

a) A und B:

……… ………………………………………

b) A und C:

……… ………………………………………

c) B und C:

……… ………………………………………

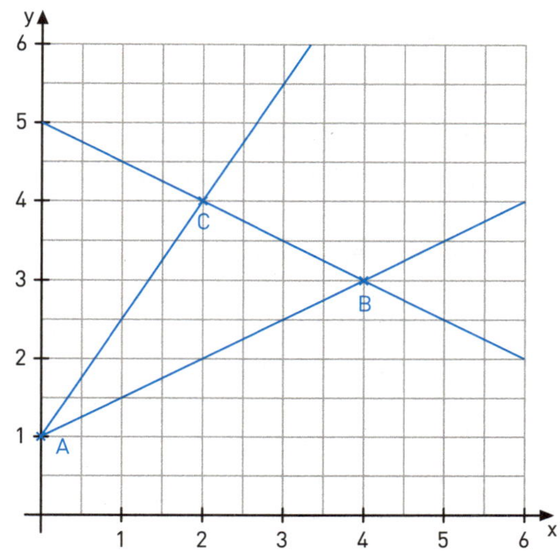

……… 6

36–27 Punkte	26–18 Punkte	17–0 Punkte
☺	😐	☹

Gesamtpunktzahl ……… 36

45 min

Beginn: .... Ende: ....

Klassenarbeit 4.2

Themen: Zweistufige Zufallsexperimente, Baumdiagramme, Pfadregeln, Boxplots, Terme mit mehreren Variablen (Wdh.)

1. Bei einem Spiel darf ein Spieler zuerst mit einem gewöhnlichen Spielwürfel würfeln und anschließend ein Glücksrad drehen.

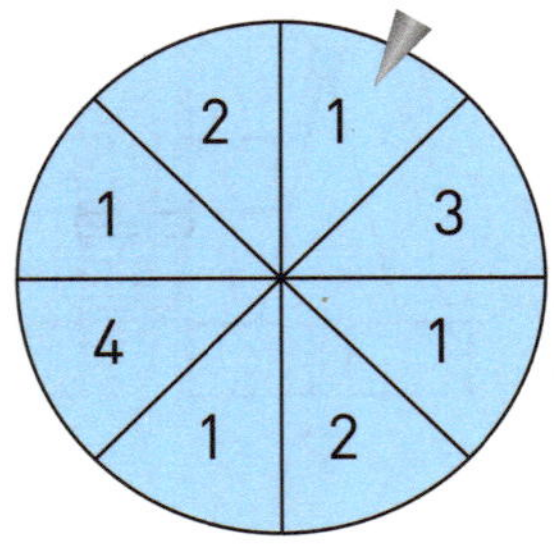

a) Berechne die Wahrscheinlichkeit dafür, dass ein Spieler eine 5 würfelt und dann eine 2 dreht.

b) Berechne die Wahrscheinlichkeit dafür, dass ein Spieler eine 1 oder 2 würfelt und dann die 4 dreht.

c) Berechne die Wahrscheinlichkeit dafür, dass die Summe aus dem Würfeln und dem Drehen des Glücksrads genau 9 ergibt.

.... 8

2. Zu einem zweistufigen Zufallsexperiment wurde folgendes Baumdiagramm erstellt, in dem noch einige Angaben fehlen.
Berechne die fehlenden Wahrscheinlichkeiten und trage sie in die Kästchen ein.

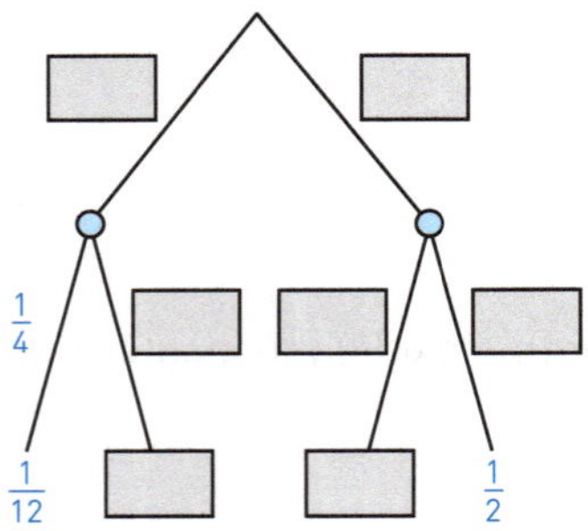

.... 7

3. Bei einer Verkehrskontrolle vor der Schule hat die Polizei folgende Geschwindigkeiten in km/h von Fahrzeugen gemessen: 35, 32, 28, 37, 48, 30, 29, 31, 26, 27, 20. Erlaubt sind 30 km/h.

a) Bestimme den Median der Messreihe.

....

b) Erstelle ein Boxplot für die gemessenen Geschwindigkeiten.

c) Gib eine Begründung für die Ausreißer der Messreihe an.

....

....

....

Boxplot

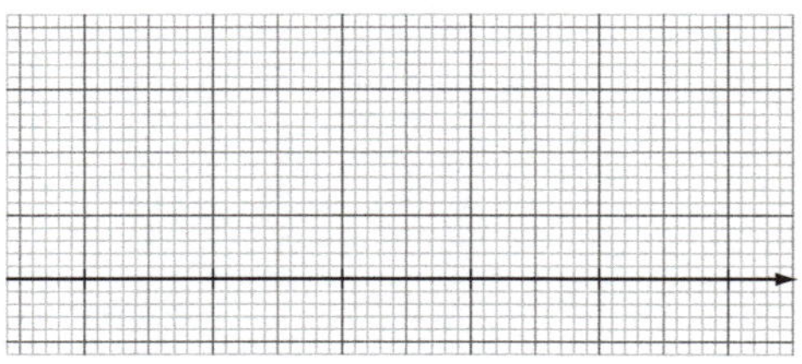

.... 5

4. In einer Urne befinden sich zwei rote, eine blaue und drei grüne Kugeln. Es werden zwei Kugeln ohne Zurücklegen gezogen.

a) Stelle das Experiment in einem Baumdiagramm dar.

b) Berechne, mit welcher Wahrscheinlichkeit zwei gleichfarbige Kugeln gezogen werden.

c) Berechne, mit welcher Wahrscheinlichkeit die zwei gezogenen Kugeln verschiedene Farben haben.

.... 8

5. Die angegebene Gleichung beschreibt eine lineare Funktion. Berechne die Schnittpunkte des Funktionsgraphen mit der x- und y-Achse.

a) $4x + 5y = 20$ **b)** $10x + 2y = 20$ **c)** $\frac{x}{2} + \frac{y}{5} = 1$ **d)** $2x - 3y = -6$

.... 8

36–27 Punkte	26–18 Punkte	17–0 Punkte
☺	😐	☹

Gesamtpunktzahl 36

5. Quadratwurzeln und reelle Zahlen

Zum Aufwärmen: Verstehen und Üben

Quadratwurzeln

Information

Gegeben ist eine nichtnegative Zahl a.
Unter der **Quadratwurzel** aus a (kurz: *Wurzel* aus a) versteht man diejenige nichtnegative Zahl, die mit sich selbst multipliziert die Zahl a ergibt.
Für die Quadratwurzel aus a schreibt man $\sqrt{a}$.
Die Zahl a unter dem **Wurzelzeichen** heißt **Radikand**. Das Bestimmen der Quadratwurzel heißt **Wurzelziehen (Radizieren)**.

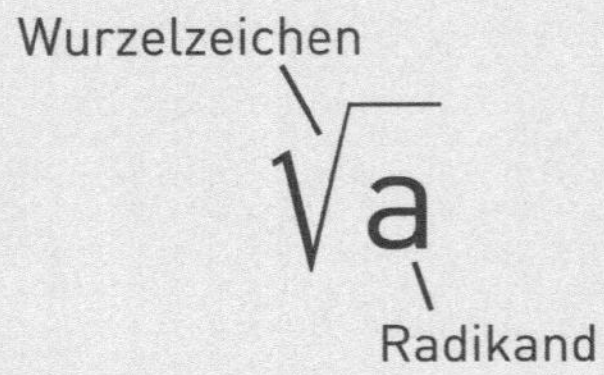

Beachte: (1) Quadratwurzeln sind nichtnegativ.
(2) Der Radikand muss nichtnegativ sein. Wurzeln aus negativen Zahlen sind nicht definiert.

Beispiel:
$\sqrt{441} = 21$, denn $21 \cdot 21 = 441$ und $21 \geq 0$
$\sqrt{\frac{9}{49}} = \frac{3}{7}$, denn $\frac{3}{7} \cdot \frac{3}{7} = \frac{9}{49}$ und $\frac{3}{7} \geq 0$

1. Berechne die Quadratwurzeln.

a) $\sqrt{121}$ = ... $\sqrt{36}$ = ... $\sqrt{289}$ = ... $\sqrt{40\,000}$ = ... $\sqrt{1024}$ = ...

b) $\sqrt{\frac{25}{64}}$ = ... $\sqrt{\frac{9}{256}}$ = ... $\sqrt{\frac{81}{4}}$ = ... $\sqrt{\frac{1}{1\,000\,000}}$ = ... $\sqrt{\frac{144}{625}}$ = ...

c) $\sqrt{0{,}49}$ = ... $\sqrt{0{,}04}$ = ... $\sqrt{1{,}69}$ = ... $\sqrt{0{,}0009}$ = ... $\sqrt{3{,}61}$ = ...

2. Prüfe, ob folgende Wurzel definiert ist und berechne sie, wenn möglich. Begründe kurz, wenn du die Wurzel nicht bilden kannst.

a) $\sqrt{0}$ = ... **b)** $\sqrt{-4}$ = ... **c)** $-\sqrt{9}$ = ... **d)** $-\sqrt{-0{,}01}$ = ...

....

....

3. Schreibe, falls möglich, als Quadratwurzel. Begründe, wenn es nicht geht.

a) 9 = ... **b)** 0,6 = ... **c)** $\frac{2}{15}$ = ... **d)** −11 = ...

....

Näherungswerte von Quadratwurzeln

Information

Die Wurzel aus einer natürlichen Zahl n ist:
(1) genau dann eine natürliche Zahl, wenn n eine Quadratzahl ist,
(2) oder sonst ein nicht abbrechender Dezimalbruch.

4. Gib an, zwischen welchen beiden natürlichen Zahlen die Wurzel liegt. Begründe.
Beispiel: $\sqrt{5}$ liegt zwischen 2 und 3, denn $2 \cdot 2 = 4 < 5$ und $3 \cdot 3 = 9 > 5$

a) ☐ $< \sqrt{10} <$ ☐ **b)** ☐ $< \sqrt{52} <$ ☐ **c)** ☐ $< \sqrt{300} <$ ☐ **d)** ☐ $< \sqrt{911} <$ ☐

denn: .... denn: .... denn: .... denn: ....

....

5. a) Begründe, warum $\sqrt{20}$ zwischen 4 und 5 liegt.

....

....

b) Ein Taschenrechner behauptet: $\sqrt{20} = 4{,}472135955$.
Begründe, warum das Gleichheitszeichen nicht stimmen kann, sondern dass es sich dabei nur um einen Näherungswert des Taschenrechners handeln kann.

....

....

....

c) Begründe, warum $\sqrt{20}$ überhaupt kein abbrechender Dezimalbruch sein kann.

....

....

....

Rationale und irrationale Zahlen

Information

(1) Charakterisierung rationaler Zahlen
Für rationale Zahlen gibt es zwei gleichwertige Darstellungsarten, die sich ineinander umformen lassen:
(a) Darstellung als gewöhnlicher Bruch $\frac{m}{n}$, wobei m und n ganze Zahlen sind und $n \neq 0$ ist.
(b) Darstellung als abbrechender oder periodischer (reinperiodischer oder gemischtperiodischer) Dezimalbruch.

Beispiele: $\frac{1}{8} = \frac{125}{1\,000} = 0{,}125$; $0{,}23 = \frac{23}{100}$; $\frac{1}{7} = 1:7 = 0{,}\overline{142857}$

$$\begin{array}{rl} 100 \cdot 0{,}\overline{13} &= 13{,}\overline{13} \\ -\quad 1 \cdot 0{,}\overline{13} &= 0{,}\overline{13} \\ \hline 99 \cdot 0{,}\overline{13} &= 13 \end{array}$$
also ergibt sich: $0{,}\overline{13} = \frac{13}{99}$

(2) Zahlen, die sich nicht als Bruch schreiben lassen, heißen **irrationale Zahlen**. Als Dezimalbruch geschrieben sind sie weder abbrechend noch periodisch.

Beispiele: $\sqrt{3} = 1{,}73205...$; $\sqrt{\frac{1}{3}} = 0{,}57735...$

6. Schreibe als Dezimalbruch.

a) $\frac{1}{4} =$ .... **b)** $\frac{7}{20} =$ .... **c)** $\frac{3}{5} =$ .... **d)** $\frac{9}{125} =$ ....

7. Schreibe als periodischen Dezimalbruch.

a) $\frac{1}{9}$ = ... **b)** $\frac{1}{11}$ = ... **c)** $\frac{1}{12}$ = ... **d)** $\frac{1}{14}$ = ...

8. Schreibe als gewöhnlichen Bruch.

a) 0,9 = ... **b)** 0,123 = ... **c)** 9,87 = ... **d)** 2,0650 = ...

9. Schreibe als gewöhnlichen Bruch.

a) $0,\overline{4}$ = ... **b)** $1,\overline{3}$ = ... **c)** $3,\overline{09}$ = ... **d)** $4,5\overline{67}$ = ...

Reelle Zahlen

Information

Rationale und irrationale Zahlen fasst man zur Menge ℝ der reellen Zahlen zusammen.

(1) Jede reelle Zahl lässt sich als Dezimalbruch schreiben.
Ist die reelle Zahl rational, so ist der Dezimalbruch abbrechend oder periodisch.
Ist die reelle Zahl irrational, so ist der Dezimalbruch nicht abbrechend und nicht periodisch.

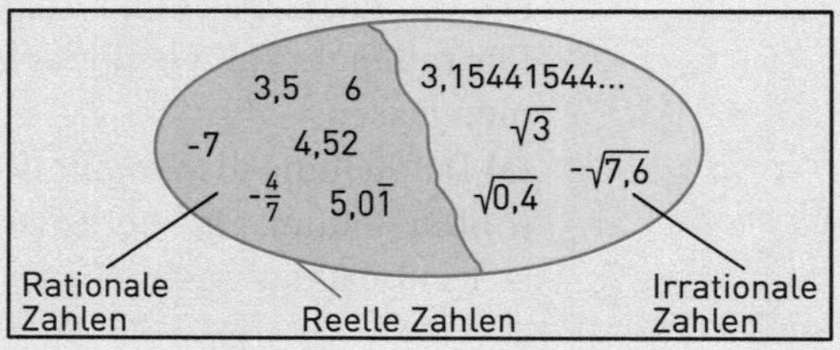

(2) Zu jeder reellen Zahl gehört ein Punkt auf der Zahlengeraden und jeder Punkt auf der Zahlengeraden stellt eine reelle Zahl dar.

10. Lara hat irrationale Zahlen „erfunden". Ergänze die nächsten zehn Ziffern und gib jeweils eine Regel an, wie die Dezimalbrüche fortgesetzt werden müssen:

a) 1,01001000100001...

....

b) 1,23456789101112...

....

c) 1,248163264128256...

....

11. Trage die Zahlen möglichst genau auf der Zahlengeraden ein.

$\frac{7}{4}$; $\sqrt{1}$; 0,34; $-\frac{2}{7}$; $-\sqrt{2}$

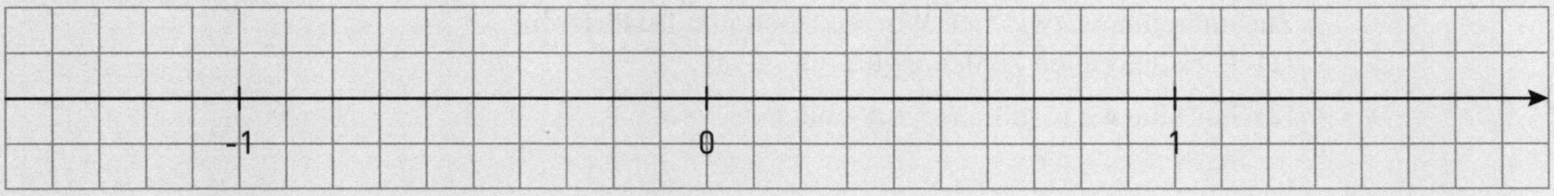

Rechenregeln für Quadratwurzeln

Information

Für das Multiplizieren und Dividieren von Quadratwurzeln gelten folgende Gesetze:

(1) Für alle $a \geq 0,\ b \geq 0$ gilt: $\sqrt{a} \cdot \sqrt{b} = \sqrt{a \cdot b}$ (Wurzelgesetz W1)

(2) Für alle $a \geq 0,\ b \geq 0$ gilt: $\frac{\sqrt{a}}{\sqrt{b}} = \sqrt{\frac{a}{b}}$ (Wurzelgesetz W2)

12. Berechne mithilfe der Wurzelgesetze.

a) $\sqrt{6} \cdot \sqrt{24}$ **b)** $\sqrt{30} \cdot \sqrt{120}$ **c)** $\frac{\sqrt{2}}{\sqrt{18}}$ **d)** $\frac{\sqrt{125}}{\sqrt{20}}$

13. Prüfe, ob es auch allgemeine Rechenregeln für die Quadratwurzeln aus Summen und Differenzen gibt, indem du die Zahlenbeispiele berechnest und vergleichst.

a) $\sqrt{64 + 36}$ und $\sqrt{64} + \sqrt{36}$

....

b) $\sqrt{25 - 16}$ und $\sqrt{25} - \sqrt{16}$

....

14. Bringe den Vorfaktor unter das Wurzelzeichen.

a) $6 \cdot \sqrt{3}$ **b)** $2 \cdot \sqrt{17}$ **c)** $\frac{7}{5} \cdot \sqrt{\frac{5}{7}}$ **d)** $1{,}3 \cdot \sqrt{\frac{1}{338}}$

15. Ziehe teilweise die Wurzel.

a) $\sqrt{120}$ **b)** $\sqrt{96}$ **c)** $\sqrt{648}$ **d)** $\sqrt{\frac{147}{375}}$

Anwenden der Wurzelgesetze auf Terme mit Variablen

Information

Zusammenhang zwischen Wurzelziehen und Quadrieren
(1) Für alle reellen Zahlen a gilt: $\sqrt{a^2} = |a|$.
(2) Für alle $a \geq 0$ gilt: $\sqrt{a^2} = a$ und $(\sqrt{a})^2 = a$.

16. Vereinfache den Wurzelterm so weit wie möglich. Für die Variablen vereinbaren wir nichtnegative Zahlen.

a) $\sqrt{121\,p^2q^6}$ **b)** $\sqrt{0{,}64\frac{m^3n}{mn^5}}$ **c)** $\sqrt{2a^2b}\cdot\sqrt{8b}$ **d)** $\sqrt{5xy^3z}\cdot\sqrt{45x^5yz}$

17. Überprüfe die Rechnung und korrigiere sie falls nötig.

a) $5\sqrt{2} + \sqrt{8} = 5\sqrt{2} + \sqrt{4\cdot 2} = 9\sqrt{2}$

....

b) $9\sqrt{52} - 4\sqrt{117} = 9\sqrt{4\cdot 13} - 4\sqrt{9\cdot 13} = 18\sqrt{13} - 12\sqrt{13} = 6\sqrt{13}$

....

c) $3(\sqrt{xy})^2 + 6xy = 3xy + 6xy = 9xy$

....

d) $\sqrt{7m^3n - 3m^3n} = \sqrt{4} = 2$

....

Umformen von Wurzeltermen

Information

Auch bei Wurzeltermen gilt das Distributivgesetz, ebenso können die binomischen Formeln angewendet werden.
Beispiele: $\sqrt{x}\cdot(y - \sqrt{x}) = \sqrt{x}\cdot y - \sqrt{x}\cdot\sqrt{x} = \sqrt{x}\,y - x$

$(\sqrt{2} + \sqrt{x})^2 = (\sqrt{2})^2 + 2\sqrt{2}\sqrt{x} + (\sqrt{x})^2 = 2 + 2\sqrt{2x} + x$

18. Löse die Klammern mithilfe des Distributivgesetzes auf.

a) $\sqrt{2}\cdot(\sqrt{8} + \sqrt{18})$ **b)** $(\sqrt{a} - \sqrt{b})\cdot\sqrt{c}$

19. Wende die binomischen Formeln an.

a) $(\sqrt{3} + \sqrt{7})\cdot(\sqrt{3} - \sqrt{7})$ **b)** $(\sqrt{z+2} + \sqrt{z-2})^2$

Beginn: .... Abgabe: ....

Klassenarbeit 5.1

Themen: Quadratwurzeln und reelle Zahlen, Wahrscheinlichkeit (Wdh.)

1. a) Definiere die Wurzel aus einer Zahl a.

....

b) Berechne die Wurzeln.

$\sqrt{144}$ = ... $\sqrt{625}$ = ... $\sqrt{0{,}09}$ = ... $\sqrt{\frac{49}{16}}$ = ... $\sqrt{\frac{81}{10\,000}}$ = ...

c) Begründe, warum $\sqrt{7}$ keine natürliche Zahl sein kann.

....

....

d) Begründe, warum ein Taschenrechner mit $\sqrt{7} = 2{,}645751311$ Unrecht hat.

....

....

e) Nimm Stellung zu folgender Rechnung: $7 = \sqrt{7^2} = \sqrt{49} = \sqrt{(-7)^2} = (-7)$.

....

....

.... 13

2. a) Wie kann man rationale Zahlen angeben?

(1) ....

(2) ....

b) Berechne mit schriftlicher Division die Dezimalbruchentwicklung von $\frac{2}{7}$.

.... 7

3. Forme die Dezimalbrüche in gewöhnliche Brüche um.

0,127 = …………… $0,\overline{519}$ = …………… $0,43\overline{8}$ = ……………

…… 5

4. **a)** Erstelle eine Regel zur Fortsetzung der Dezimalbrüche, so dass sie irrational werden. Gib die nächsten sechs Ziffern nach dieser Regel an.

0,1223334444 ☐☐☐☐☐☐ …

……………

1,3579111315 ☐☐☐☐☐☐ …

……………

b) Zeige an einem geschickt gewählten Beispiel, dass die Summe zweier irrationaler Zahlen auch rational sein kann.

…… 6

5. Ein Würfel wird zweimal nacheinander geworfen. Wie groß ist die Wahrscheinlichkeit, dass dabei

a) zweimal eine gerade Zahl gewürfelt wird?

b) zweimal keine „1" gewürfelt wird?

c) mindestens einmal eine ungerade Zahl gewürfelt wird?

…… 6

…… 37 **Gesamtpunktzahl**

37 – 28 Punkte	27 – 19 Punkte	18 – 0 Punkte
☺	😐	☹

Beginn: .... Abgabe: ....

Klassenarbeit 5.2

Themen: Quadratwurzeln, reelle Zahlen, Rechenregeln für Quadratwurzeln; Terme mit mehreren Variablen (Wdh.)

1. a) Erkläre, was eine irrationale Zahl ist.

....

b) Kreuze jeweils an, ob die Zahl rational oder irrational ist.

Zahl	$1{,}38$	$\sqrt{6}$	$-2{,}3\overline{45}$	$-\sqrt{4}$	$\sqrt{(-1)^2}$	$-\sqrt{2}$	$-0{,}9$	$\frac{7}{13}$	$\sqrt{\frac{81}{25}}$	$-\sqrt{\frac{2}{8}}$
rational										
irrational										

c) Trage alle Zahlen aus der Tabelle in b) möglichst genau auf der Zahlengeraden ein:

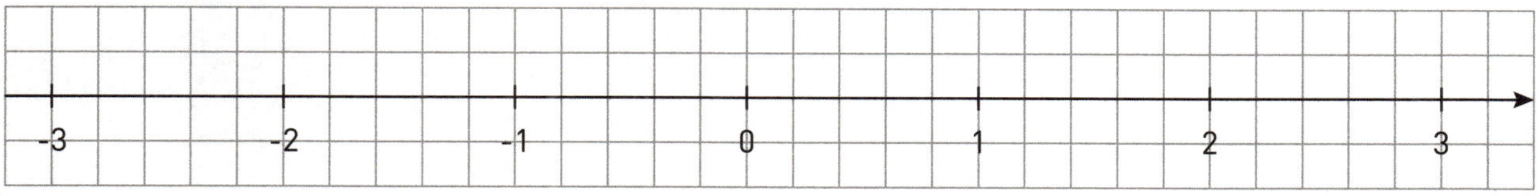

.... 12

2. a) Gib an, zwischen welchen beiden ganzen Zahlen die Wurzel liegt.

☐ $< \sqrt{30} <$ ☐ ☐ $< -\sqrt{5} <$ ☐ ☐ $< \sqrt{133} <$ ☐ ☐ $< -\sqrt{397} <$ ☐

b) Begründe, dass $\sqrt{11}$ zwischen 3,3 und 3,4 liegt.

c) Forme in einen Dezimalbruch um.

$\frac{1}{20} =$ .... $\frac{3}{8} =$ .... $\frac{75}{64} =$ ....

.... 10

3. a) Gib eine Rechenregel für die Division zweier Wurzeln an.

....

b) Zeige an einem Gegenbeispiel, dass die Rechenregel $\sqrt{m} + \sqrt{n} = \sqrt{m + n}$ nicht für alle rationalen Zahlen m und n gilt.

....

c) Gib ein Beispiel mit Werten für m und n an, für die die Gleichung $\sqrt{m} + \sqrt{n} = \sqrt{m + n}$ erfüllt ist.

m = ... n = ...

.... 6

4. Vervollständige die Rechenmauern zur Addition und Multiplikation von Wurzeln. Addiert bzw. multipliziert man zwei nebeneinander stehende Zahlen, so erhält man die Zahl für den darüber stehenden Mauerstein.

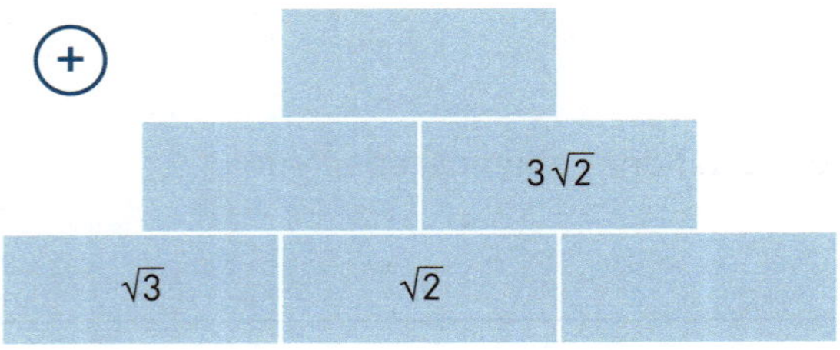

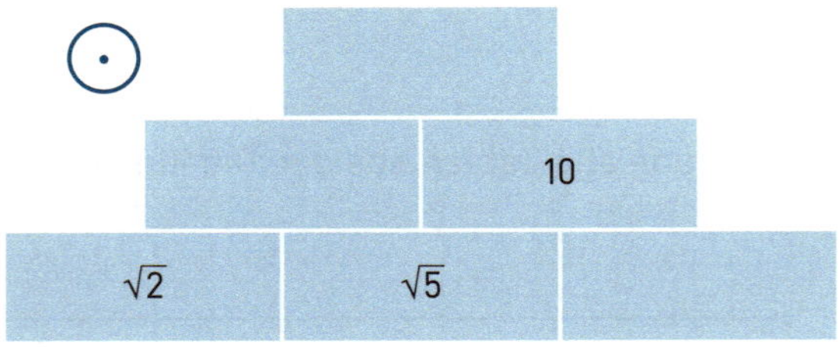

.... 6

5. Multipliziere die Terme mithilfe der binomischen Formeln aus.

$\left(\sqrt{a} + \sqrt{b}\right)^2 =$ ....

$\left(\sqrt{m} - \sqrt{n}\right)^2 =$ ....

$\left(\sqrt{x} + \sqrt{y}\right) \cdot \left(\sqrt{x} - \sqrt{y}\right) =$ ....

.... 6

.... 40 **Gesamtpunktzahl**

40 – 30 Punkte	29 – 20 Punkte	19 – 0 Punkte
☺	😐	☹

6. Kreis- und Körperberechnung

Zum Aufwärmen: Verstehen und Üben

Umfang eines Kreises

Information

Der Umfang eines Kreises ist immer etwas mehr als 3-mal so groß wie sein jeweiliger Durchmesser. Diesen Proportionalitätsfaktor bezeichnet man als die **Kreiszahl** π (gelesen: „pi“).
Die Kreiszahl π ist eine irrationale Zahl. Zum Rechnen verwendet man daher geeignete Näherungswerte, z. B. $\pi \approx 3{,}14$.

Für den **Umfang u eines Kreises** mit dem Radius r bzw. dem Durchmesser d gilt:
$\mathbf{u = 2\pi \cdot r}$ bzw. $\mathbf{u = \pi \cdot d}$.

1. Berechne die fehlenden Größen.

Radius r	3 cm			1,2 cm		$\frac{4}{7}$ cm		
Durchmesser d		5 cm			6,7 cm		$\frac{9}{2}$ cm	
Umfang u			8π cm					0,14 cm

2. Berechne den Umfang des Gegenstandes. Schätze zunächst.

a) Küchenteller
d = 19 cm

b) Gullydeckel
d = 62,5 cm

c) 2-Euro-Stück
d = 25,75 mm

d) Hula-Hoop-Reifen
d = 92 cm

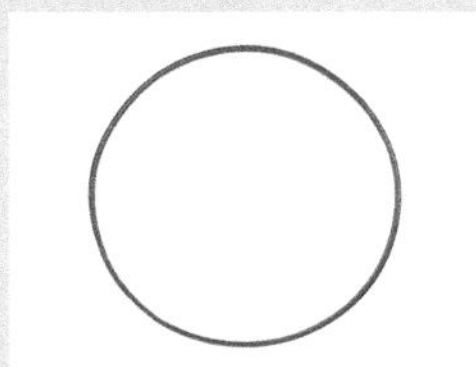

3. Der Standard für Reifendurchmesser bei einem Fahrrad für Erwachsene liegt bei 28 Zoll.

a) Welchen Weg legt man ungefähr zurück, wenn der komplette Umfang des Rades einmal abgerollt wird? (1 Zoll ≙ 2,54 cm)

b) Wie oft dreht sich das Rad insgesamt auf einer 12 Kilometer langen Radtour?

Flächeninhalt eines Kreises

Information

(1) Für den **Flächeninhalt A eines Kreises** mit dem Radius r bzw. dem Durchmesser d gilt:
$\mathbf{A = \pi \cdot r^2}$ bzw. $\mathbf{A = \frac{\pi}{4} \cdot d^2}$.

(2) Für den **Flächeninhalt A eines Kreisrings** mit dem inneren Radius r_i und dem äußeren Radius r_a gilt: $\mathbf{A = \pi \cdot \left(r_a^2 - r_i^2\right)}$.

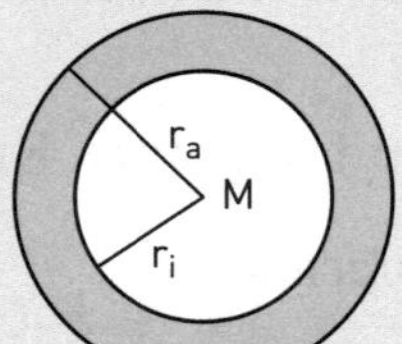

4. Berechne die fehlenden Größen.

Radius r	8 cm			3,6 cm		$\frac{11}{6}$ cm		
Durchmesser d		9 cm					$\frac{5}{8}$ cm	
Flächeninhalt A			4π cm²		13 cm²			3,14 cm²

5. Eine Kuh ist auf einer Wiese mit einem 5 m langen Seil an einen Pflock angebunden.
Auf welcher Fläche kann die Kuh grasen?

6. Viele Drucker können CDs oder DVDs bedrucken. Der Durchmesser einer CD beträgt 12 cm.
Ganz innen kann die CD in einem Innenradius von 1,2 cm nicht bedruckt werden.
Berechne den bedruckbaren Flächeninhalt eines CD-Rohlings.

7. Gemäß den nationalen und internationalen Wettkampfbestimmungen wird die 400-m-Rundbahn als sogenannte Kreisbogenbahn konstruiert. Sie besteht aus einem Rechteck mit einer Länge von 84,39 m und einer Breite von 73,00 m, an deren Stirnseiten jeweils ein Halbkreis mit einem Radius von 36,50 m aufgesetzt ist. Die Breite der Inneneinfassung ist im Radius von 36,50 m enthalten.

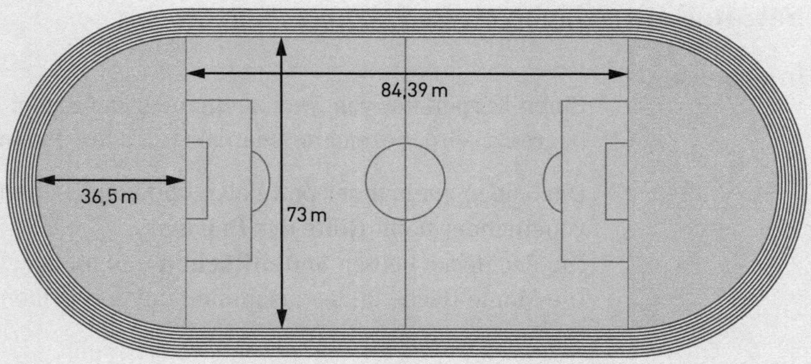

a) Berechne den Flächeninhalt, den die 400-m-Rundbahn einschließt.

b) Die Rundbahn besteht aus acht Laufbahnen mit einer jeweiligen Breite von 1,22 m; die Markierungen sind darin bereits enthalten. Berechne den Flächeninhalt, den die acht Laufbahnen einnehmen.

8. Es soll der Flächeninhalt und der Umfang der gefärbten Fläche berechnet werden.

a) Ermittle den exakten Flächeninhalt und Umfang der gefärbten Fläche.

b) Berechne jeweils numerische Näherungen für $a = 4\,\text{cm}$.

(1)

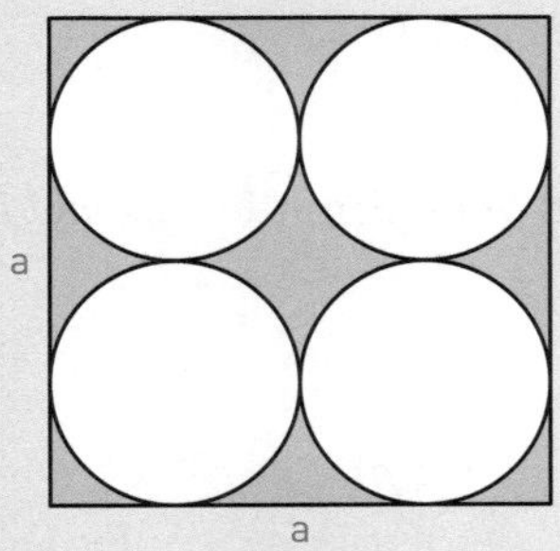

(2)

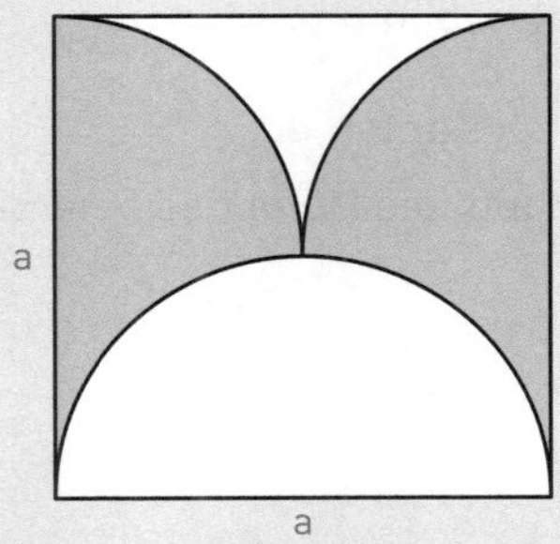

(3)

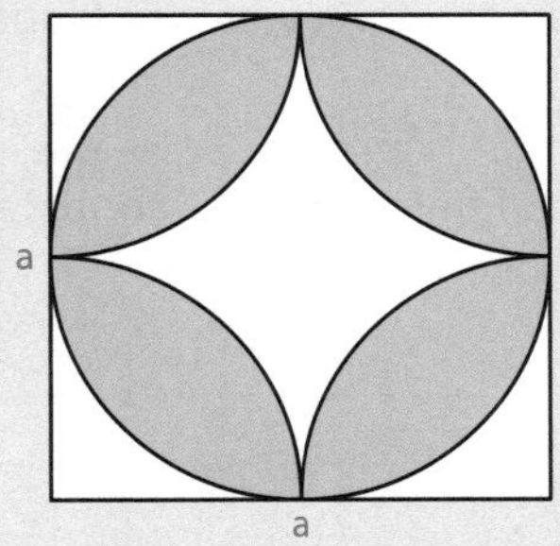

(4)

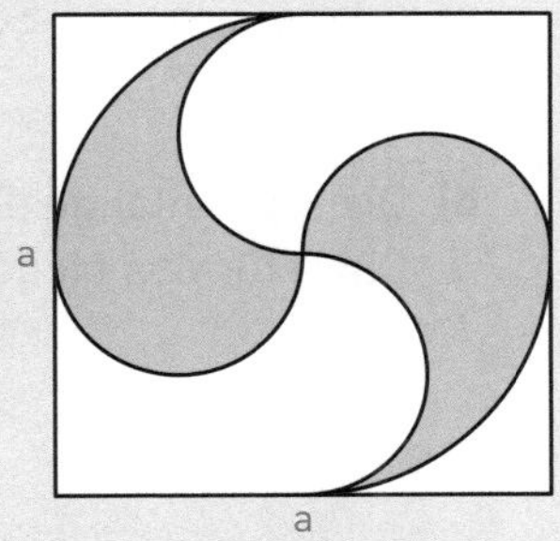

Netz und Oberfläche eines Prismas

Information

Einen Körper, der von zwei zueinander parallelen und kongruenten Vielecken sowie Rechtecken begrenzt wird, bezeichnet man als (gerades) **Prisma**.

Die beiden zueinander parallelen und kongruenten Vielecke heißen **Grundflächen**, ihr Abstand voneinander heißt **Höhe des Prismas**.
Die Rechtecke heißen **Seitenflächen** und bilden zusammen die **Mantelfläche** des Prismas.
Die Mantelfläche bildet zusammen mit den beiden Grundflächen die **Oberfläche** des Prismas.

Quader und Würfel sind besondere Prismen.

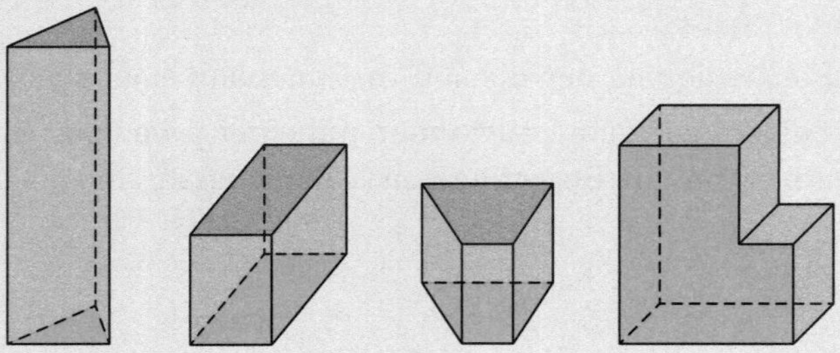

9. Gib an, welche der abgebildeten Körper Prismen sind.

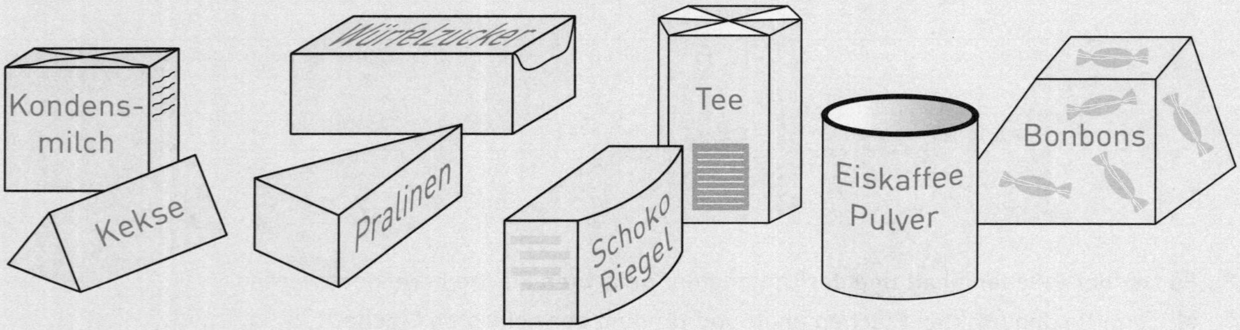

10. Clara möchte ein Kantenmodell aus Draht für ein regelmäßiges fünfseitiges Prisma basteln.

a) Gib an, wie viele Ecken und Kanten das Modell haben muss.

.... Ecken und .... Kanten

b) Die Kantenlänge des Fünfecks soll 7 cm betragen, die Höhe des Prismas 6 cm. Ermittle, wie viel Draht Clara für das Modell benötigt.

Information

(1) Für den **Oberflächeninhalt O eines Prismas** mit dem Grundflächeninhalt G und dem Mantelflächeninhalt M gilt:
$\mathbf{O = 2G + M}$.

(2) Für den **Oberflächeninhalt O eines Prismas** mit dem Grundflächeninhalt G, dem Umfang u der Grundfläche und der Höhe h gilt:
$\mathbf{O = 2G + u \cdot h}$.

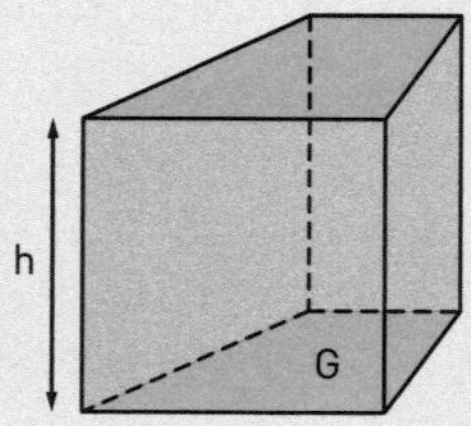

11. a) Prüfe, ob es sich bei den Abbildungen um Netze von Prismen handelt.

(1)
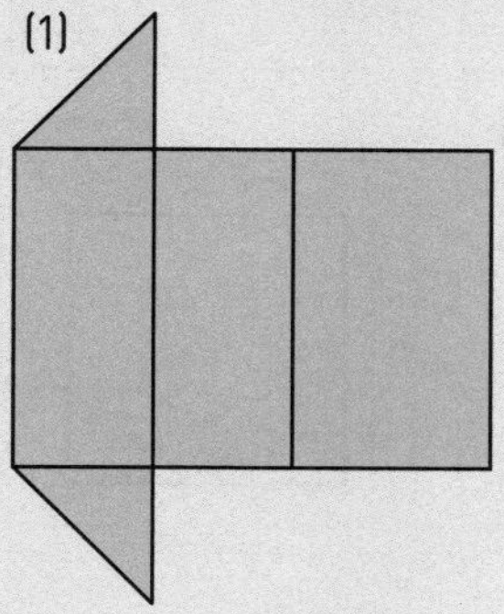
(2)
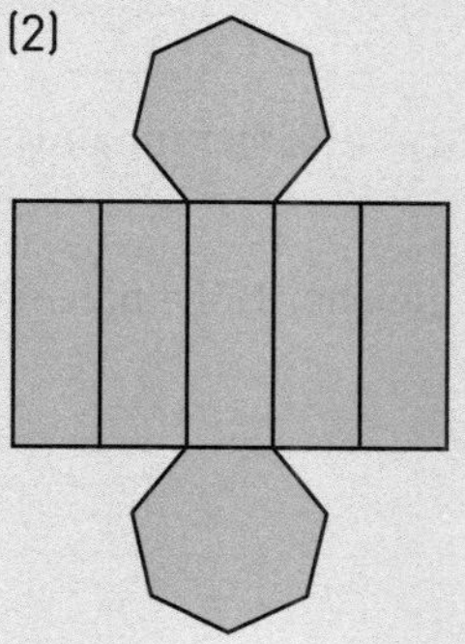
(3)
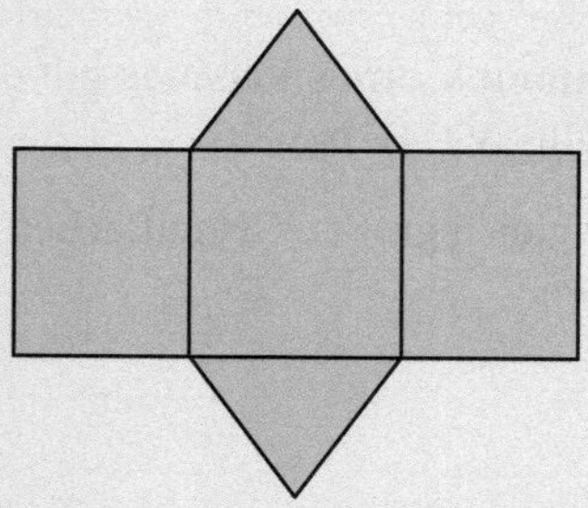
(4)
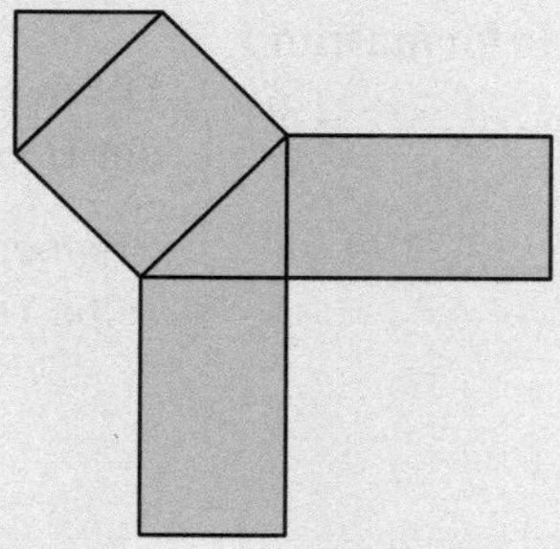

Begründungen: ....

....

....

....

b) Zeichne das Netz eines dreiseitigen Prismas mit Kantenlänge 2 cm und Höhe 4 cm.

c) Berechne den Oberflächeninhalt des Prismas aus Teilaufgabe b). Die für die Grundfläche benötigten Maße kannst du dem Netz entnehmen.

12. Ein sechsseitiges Prisma hat einen Grundflächeninhalt $G = 30\,cm^2$ und eine Mantelfläche $M = 120\,cm^2$.

a) Gib den Oberflächeninhalt O des Prismas an.

....

b) Wie verändert sich der Oberflächeninhalt des Prismas, wenn man die Größe der Grundfläche verdoppelt (verdreifacht)?

....

c) Wie verändert sich der Oberflächeninhalt des Prismas, wenn man die Höhe des Prismas verdoppelt (halbiert)?

....

Volumen eines Prismas

Information

Für das **Volumen V eines Prismas** mit dem Grundflächeninhalt G und der Höhe h gilt: $\mathbf{V = G \cdot h}$.

Prismen mit gleich großen Grundflächen und gleicher Höhe haben dasselbe Volumen.

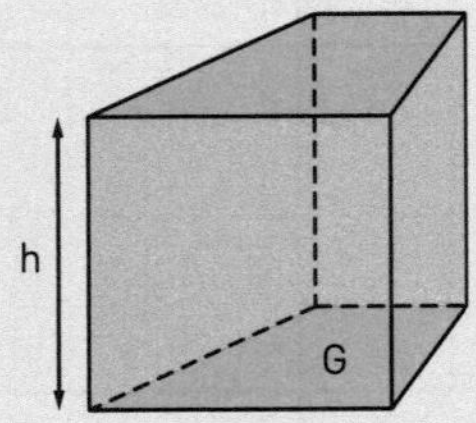

13. Berechne die fehlenden Größen.

Höhe h	8 cm	3,5 cm	5 cm	4,2 cm		
Grundflächeninhalt G	$20\,cm^2$	$0{,}6\,dm^2$			$90\,cm^2$	$7\,cm^2$
Volumen V			$120\,cm^3$	$84\,mm^3$	$270\,cm^3$	$4{,}2\,dm^3$

14. In den Würfeln mit Kantenlänge a sind jeweils Prismen eingezeichnet. Ermittle das Volumen der Prismen.

a)

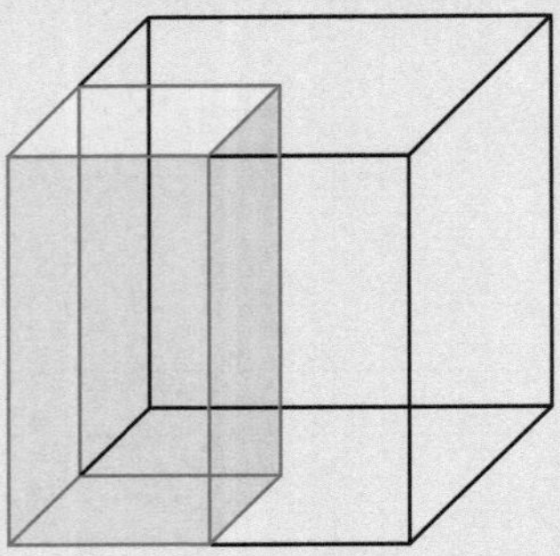

V = ...

b)

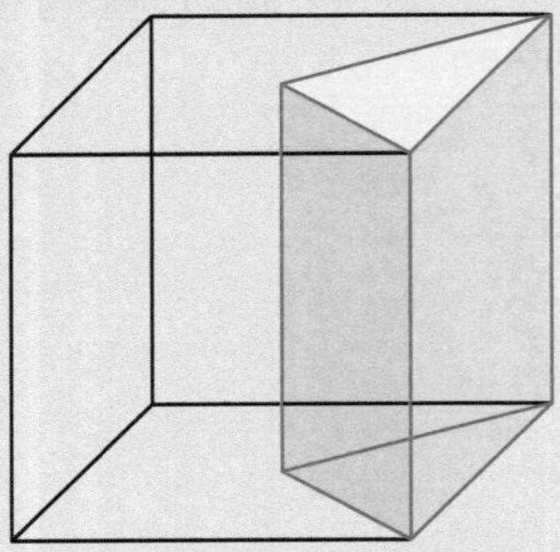

V = ...

c)

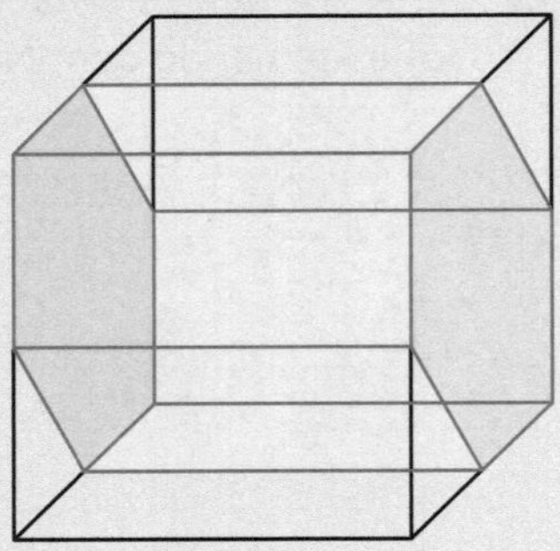

V = ...

Netz und Oberflächeninhalt eines Zylinders

Information

Einen Körper, dessen Grundflächen zwei zueinander parallele und kongruente Kreisflächen sind, bezeichnet man als **Zylinder**.

(1) Für den **Oberflächeninhalt O eines Zylinders** mit dem Grundflächeninhalt G, dem Mantelflächeninhalt M bzw. mit dem Umfang u der Grundfläche und der Höhe h gilt wie beim Prisma: $\mathbf{O = 2G + M}$ bzw. $\mathbf{O = 2G + u \cdot h}$.

(2) Für den **Oberflächeninhalt O eines Zylinders** mit dem Radius r bzw. mit dem Durchmesser d und der Höhe h gilt:
$\mathbf{O = 2\pi r^2 + 2\pi r h = 2\pi r(r + h)}$ bzw. $\mathbf{O = \frac{\pi}{2}d^2 + \pi d h = \pi d\left(\frac{d}{2} + h\right)}$.

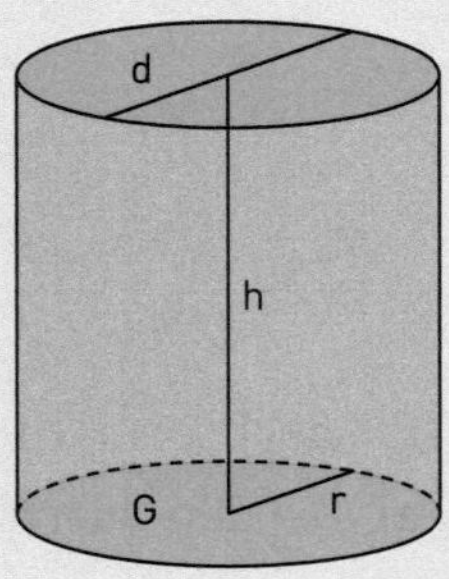

15. Berechne die fehlenden Größen.

Höhe h	8 cm	6,3 cm	5 cm	
Radius r	3 cm			7 cm
Durchmesser d		11,4 cm		
Oberflächeninhalt O			$72\pi\,cm^2$	$350\,cm^2$

16. Eine Schule möchte eine Infosäule aufstellen, an der verschiedene Plakate aufgehängt werden können.

a) Wie groß ist die Fläche für Plakate, wenn die Säule einen Durchmesser von 80 cm und eine Höhe von 1,80 m hat?

b) Die meisten Infoplakate der Schule haben DIN-A4-Abmessungen von 29,7 cm × 21 cm.
Welchen Mindestdurchmesser müsste die Säule haben, wenn es möglich sein soll, sechs Plakate
(1) im Hochformat bzw.
(2) im Querformat nebeneinander zu hängen?

Volumen eines Zylinders

Information

(1) Für das **Volumen V eines Zylinders** mit dem Grundflächeninhalt G und der Höhe h gilt: $\mathbf{V = G \cdot h}$.

(2) Für das **Volumen V eines Zylinders** mit dem Radius r bzw. mit dem Durchmesser d und der Höhe h gilt: $\mathbf{V = \pi r^2 h}$ bzw. $\mathbf{V = \frac{\pi}{4} d^2 h}$.

17. Der Gasometer Oberhausen ist ein Wahrzeichen des Ruhrgebiets. Bis 1988 wurde er noch industriell genutzt, 1994 wurde er zu einer Ausstellungshalle umgebaut. Er hat einen Durchmesser von etwa 68 m und ist 117 m hoch.

a) Berechne den Grundflächeninhalt und das Gesamtvolumen des Gasometers.

....

b) Die Außenwände sind von vernachlässigbarer Dicke.
Das Nutzvolumen des Gasometers wird mit 347 000 m^3 angegeben.
Bis zu welcher Höhe konnte Gas eingefüllt werden?

Berechnungen an zusammengesetzten Körpern

Information

(1) Volumen zusammengesetzter Körper

Je nach Art des zusammengesetzten Körpers gehe wie folgt vor:

a) Zerlege den zusammengesetzten Körper in geeignete Teilkörper, deren Volumen du berechnen kannst. Addiere anschließend die Volumina der einzelnen Teilkörper zum Gesamtvolumen.

b) Ergänze geeignet zu einem Körper, dessen Volumen du berechnen kannst, und subtrahiere die Volumina der ergänzten Körper.

(2) Oberflächeninhalt zusammengesetzter Körper

Je nach Art des zusammengesetzten Körpers gehe wie folgt vor:

a) Zerlege die Oberfläche in geeignete Teilflächen und addiere den Flächeninhalt.

b) Ergänze geeignet die Teilflächen und addiere dann die Flächeninhalte.

Beachte: Berührungsflächen nicht doppelt zählen.

18. Ein Hammer hat einen annähernd zylinderförmigen Holzstiel und ein fünfeckiges Prisma aus Eisen als Kopfstück. Der sichtbare Teil des Stiels ist 25 cm lang und hat einen angenäherten Durchmesser von 2 cm. Die Maße des Kopfstücks können der Skizze entnommen werden.

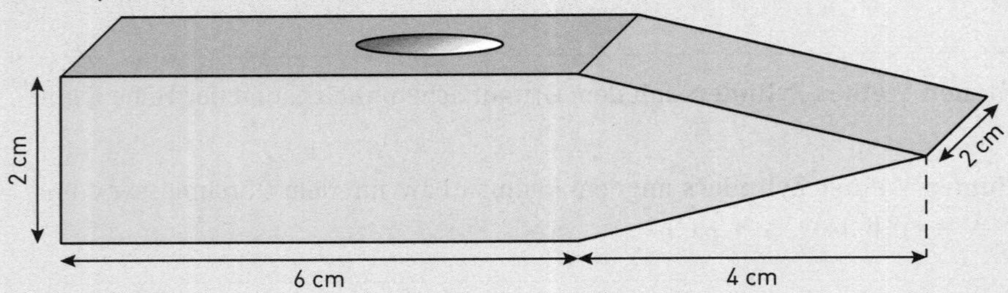

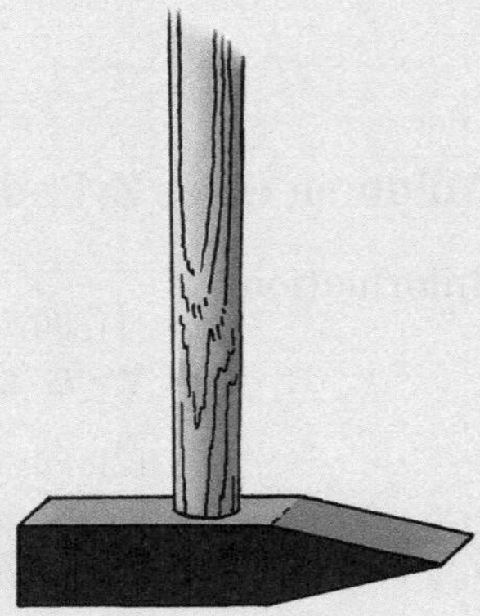

a) Berechne die Masse des Hammers, wenn ein Kubikzentimeter Holz 0,6 g und ein Kubikzentimeter Eisen 7,8 g wiegt. Dabei ist zu berücksichtigen, dass der Stiel komplett in das Kopfstück geschoben ist.

b) Der sichtbare Teil des Stiels (siehe Illustration rechts) soll mit einer Holzlasur bearbeitet werden, der äußere Teil des Kopfstücks soll ebenfalls lackiert werden. Ermittle die jeweiligen Oberflächeninhalte.

Beginn: .... Abgabe: ....

Klassenarbeit 6.1

Themen: Umfang und Flächeninhalt eines Kreises, Quadratwurzeln (Wdh.)

1. Berechne alle fehlenden Kreisgrößen.

Radius r	6 cm			
Durchmesser d		8,4 cm		
Umfang u			9π cm ≈ 28,3 cm	
Flächeninhalt A				30 cm²

.... 12

2. a) Wie verändert sich der Umfang eines Kreises, wenn
... der Durchmesser halbiert wird?

....

... der Radius verdreifacht wird?

....

b) Wie verändert sich der Flächeninhalt eines Kreises, wenn
... der Radius verdoppelt wird?

....

... der Durchmesser auf ein Zehntel verkleinert wird?

....

... der Umfang vervierfacht wird?

....

.... 5

3. Bestimme den Umfang und den Flächeninhalt der abgebildeten Figuren.

a) Die Seitenlänge des Quadrats beträgt 4 cm.

u = ... A = ...

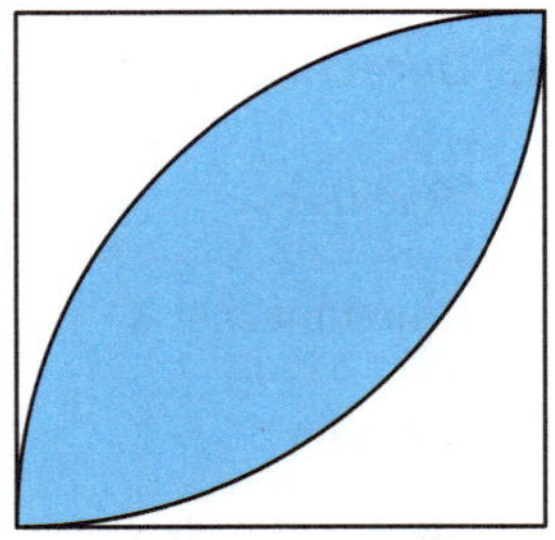

b) Die Seitenlängen hängen von dem unbekannten Wert a ab.

u = ...

A = ...

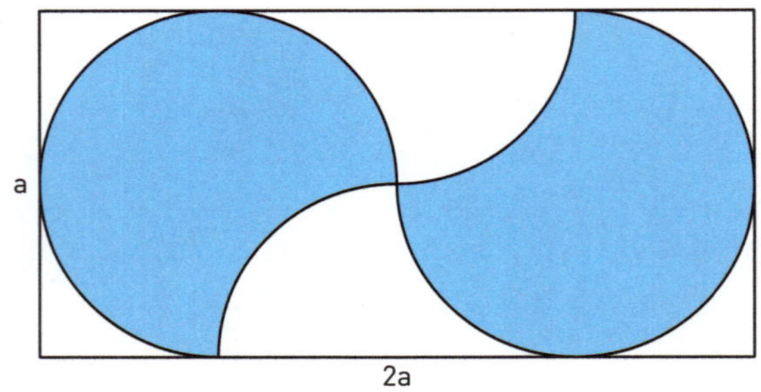

.... 8

4. a) Der Erdäquator hat eine Länge von etwa 40 070 km. Ermittle den Erddurchmesser.

....

b) Denken wir uns ein straff um den Äquator gespanntes Seil mit der Länge von 40 070 km. Dieses Seil wird nun an einer Stelle um 3 m verlängert, aber so verteilt, dass der Abstand von der Erde überall gleich ist. Prüfe, ob du darunter durchkriechen könntest.

....

c) Wie lang müsste das Seil um den Äquator etwa sein, damit ein Mensch mit 1,80 m Länge aufrecht unter dem Seil durchgehen könnte?

.... 6

....

5. a) Definiere die Wurzel aus einer Zahl a.

....

....

.... 6

b) Berechne alle Wurzeln, falls möglich.

$\sqrt{169}$ = ... $\sqrt{-25}$ = ... $\sqrt{\frac{81}{256}}$ = ... $\sqrt{0,0036}$ = ...

.... 37

Gesamtpunktzahl

37 – 27,5 Punkte	27 – 18,5 Punkte	18 – 0 Punkte
☺	😐	☹

Beginn: .... Abgabe: ....

Klassenarbeit 6.2

Themen: Prismen und Zylinder, Quadratwurzeln (Wdh.)

1. Berechne die fehlenden Größen eines Zylinders.

Höhe h	6 cm	11,2 cm	8 cm	
Radius r	5 cm	0,9 cm		4 cm
Oberflächeninhalt O				$120\pi\,cm^2$
Volumen V			$360\,cm^3$	

....
8

2. Bestimme das Volumen der in den Würfeln eingezeichneten Körper, wenn der Würfel eine Kantenlänge von a hat.

a)

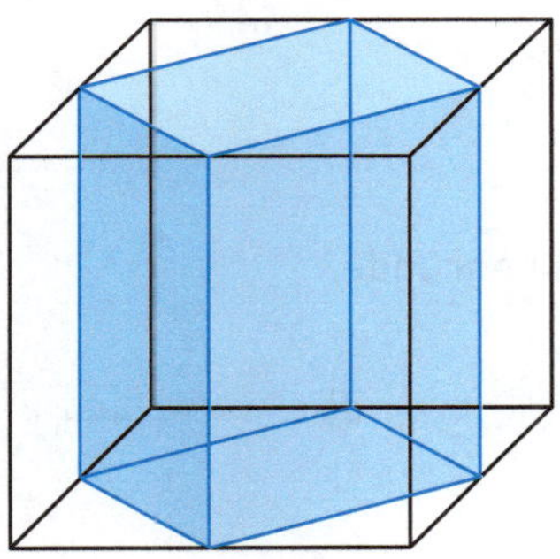

b)

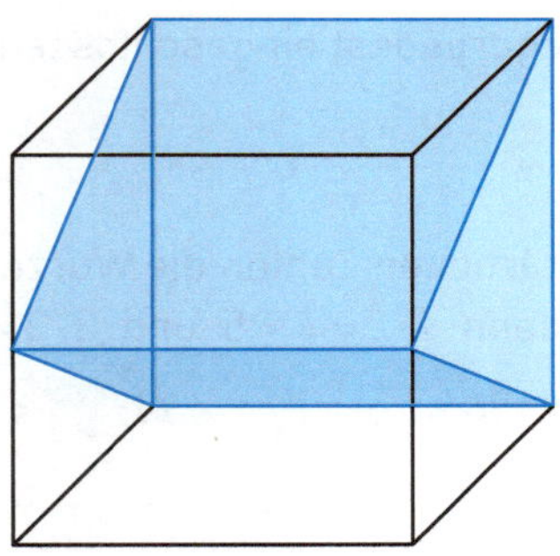

c)

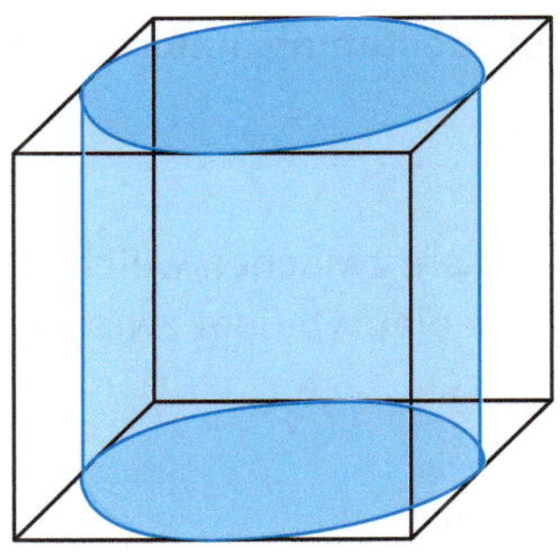

V = ... V = ... V = ...

....
9

3. Überprüfe, ob die folgenden Behauptungen über Prismen wahr oder falsch sind. Begründe knapp, was in den falschen Aussagen nicht stimmt.

Behauptung	wahr	falsch
1. Jeder Quader ist ein Prisma.		
2. Jedes Prisma hat mindestens zwei zueinander parallele Flächen.		
3. Die Seitenflächen in jedem Prisma sind Quadrate.		
4. Jedes Prisma ist ein Würfel.		

Begründungen: ....

....

....

....

4

4. Bei einem Siegerpodest ist der 1. Platz ein Würfel mit einer Kantenlänge von 60 cm. Die Podeste für den 2. und den 3. Platz haben zwar die gleiche Grundfläche, sind aber nur 40 cm bzw. 20 cm hoch.

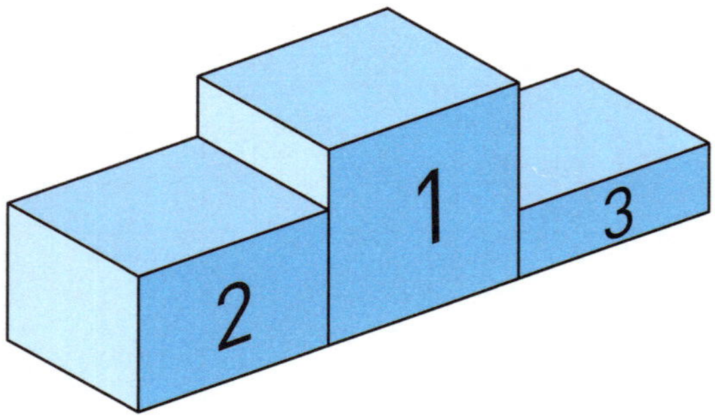

a) Für das Podest soll ein Kantenmodell aus Aluminium erstellt werden. Bestimme die Gesamtlänge der Aluminiumkanten.

....

b) Das Podest soll bis auf die Unterseite an allen Seiten und den Oberseiten verkleidet werden. Berechne den Materialbedarf.

....

c) Bestimme außerdem das vom Siegerpodest eingeschlossene Volumen.

....

9

5. Gib an, zwischen welchen beiden natürlichen Zahlen die Wurzel liegt und begründe.
Beispiel: $\sqrt{5}$ liegt zwischen 2 und 3, denn $2 \cdot 2 = 4 < 5$ und $3 \cdot 3 = 9 > 5$.

a) $\square < \sqrt{32} < \square$ **b)** $\square < \sqrt{186} < \square$ **c)** $\square < \sqrt{9999} < \square$ **d)** $\square < -\sqrt{444} < \square$

denn: ....

....

....

....

4

34 **Gesamtpunktzahl**

34 – 26 Punkte	25 – 18 Punkte	17 – 0 Punkte
☺	😐	☹

Lösungen

1. Terme mit mehreren Variablen

Zum Aufwärmen: Verstehen und Üben

Aufstellen eines Terms mit Variablen

Seite 11

1. Die zusammengesetzten Terme können wie folgt aussehen:
$(x - 3) + y$ oder $x : y + y - w$ oder $2 \cdot w + 44 \cdot y - 3$

Seite 12

2. Die Seitenlängen der Blechdose verkürzen sich:
Länge $l = 9 - 2 \cdot 1 = 7$; Breite $w = 6 - 2 \cdot 1 = 4$
$V = l \cdot w \cdot c = 7 \cdot 4 \cdot 1 = 28$
Das Volumen der Blechdose beträgt $28\,cm^3$.

3. Die Flächeninhalte sind:
Figur 1: $A = 8x \cdot 5x - \frac{1}{2} \cdot (6x \cdot 5x)$
$A = 40x^2 - 15x^2 = 25x^2$
Figur 2: $A = 6x \cdot 11x + 2x \cdot 6x - 3x \cdot 6x$
$A = 78x^2 - 18x^2 = 60x^2$

4. Der Term ist $-2 \cdot x + y - 1$.
a) Für $x = -2$ und $y = 3$ ist der Termwert:
$-2 \cdot (-2) + 3 - 1 = 4 + 3 - 1 = 7 - 1 = 6$
b) Für $x = -5$ und $y = -7$ ist der Termwert:
$-2 \cdot (-5) + (-7) - 1 = 10 + (-7) - 1 = 3 - 1 = 2$
c) Für $x = 4$ und $y = -2$ ist der Termwert:
$-2 \cdot 4 + (-2) - 1 = -8 + (-2) - 1 = -10 - 1 = -11$

Seite 13

5. Die Flächeninhalte sind:
Figur 1: $A = 4\ \frac{1}{2} \cdot \left(\frac{x}{2} \cdot \frac{x}{2}\right) = \frac{1}{2} \cdot x^2$
Für $x = 4\,cm$ erhält man $A = \frac{1}{2} \cdot 4\,cm^2 = 8\,cm^2$
Der Flächeninhalt ist $8\,cm^2$.
Figur 2: $A = 6a \cdot a + \frac{1}{2} \cdot (4a \cdot 3a) = 6a^2 + 6a^2 = 12a^2$
Für $a = \frac{5}{2}cm$ erhält man $A = 12 \cdot \left(\frac{5}{2}cm\right)^2 = 12 \cdot \frac{25}{4} = 75\,cm^2$
Der Flächeninhalt ist $75\,cm^2$.

6. **a)** $15 \cdot x + 2 \cdot (x + 3 \cdot y)$ **c)** $15 \cdot \frac{1}{2} \cdot x + \frac{3 \cdot w}{2}$
b) $(6 - x) \cdot (3 - 2 \cdot x)$ **d)** $12 \cdot a^2 - 2 \cdot (1 + 2 \cdot z)$

7. Amin hat den Term richtig ausgewertet.
Lennart hat in der ersten Zeile den Wert für x falsch eingesetzt. Es fehlt ein Malpunkt zwischen −2 und −3. Außerdem sollte man den Wert für x zwischen Klammern setzen.
Till verletzt in der zweiten Zeile die Vorrangregel Nummer drei, da bei seiner Berechnung die Strichrechnung vor der Punktrechnung folgt.

8.

a	b	c	$a^2 - 2bc + 3c$	$\frac{1}{2}ab^2 - 2c$
1	−2	3	22	−4
$\frac{1}{2}$	4	−2	$\frac{41}{4}$	8
8	$\frac{5}{2}$	$\frac{3}{2}$	61	22

Seite 14

9.

Figur 3	Figur 4
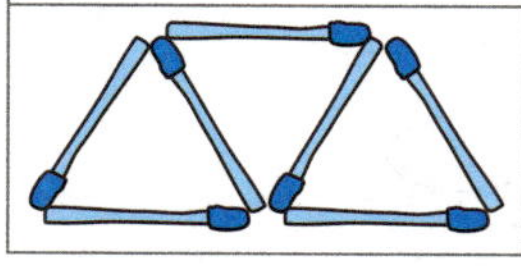	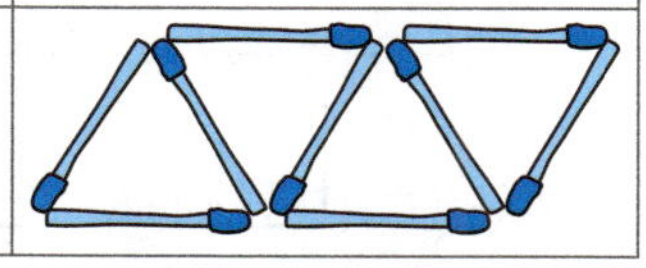

Figur	Figur 1	Figur 2	Figur 3	Figur 4
Anzahl der Dreiecke	1	2	3	4
Umfang der Figuren	3	4	5	6
Anzahl der Streichhölzer	3	5	7	9

Aufbau eines Terms

10. **a)** Term: $(7 - x) \cdot 5 + (x + 2)^2$
Typ des Terms: Summe
b) Term: $3a + b - (a + 2)$
Typ des Terms: Differenz

Seite 15

11. **a)** Typ des Terms: Summe

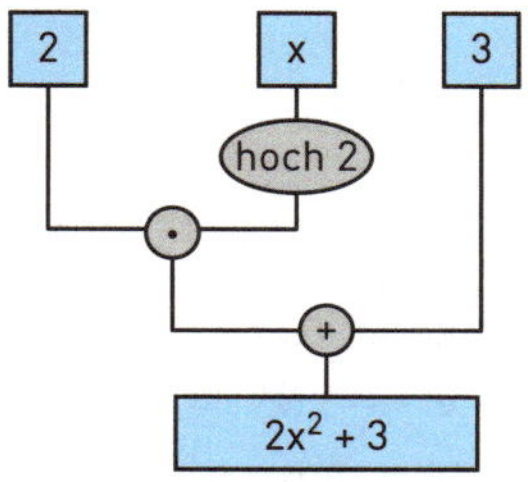

b) Typ des Terms: Differenz

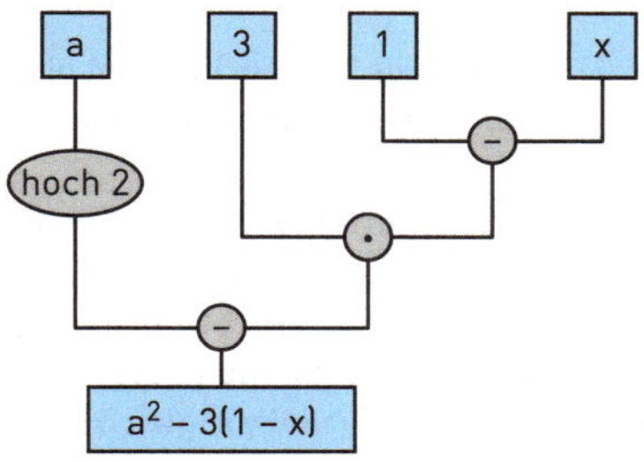

c) Typ des Terms: Quotient

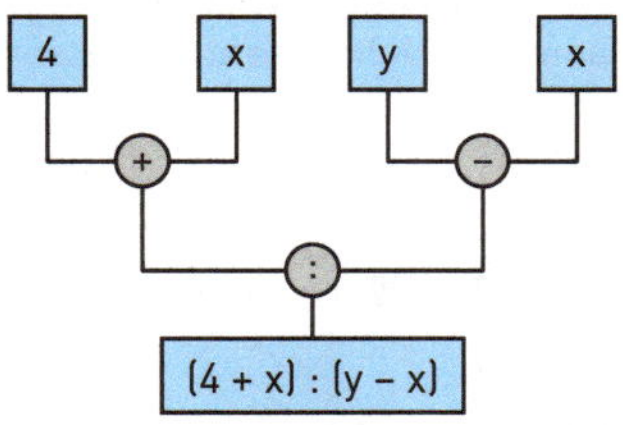

12.

	Term	Typ des Terms
a)	$(a + b) - (a : b)$	Differenz
b)	$(a - 8) : 3^4$	Quotient
c)	$(5 + x)^5$	Potenz
d)	$(m : 5) + 8n$	Summe
e)	$(4 - a) \cdot (b + 3)$	Produkt

13. a) Der Rechenbaum:

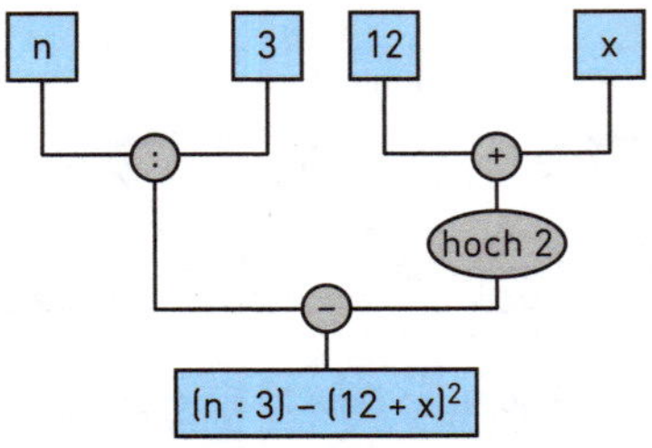

Der Typ des Terms ist eine Differenz.

b) Die Wortform: Subtrahiere von dem Quotienten der Zahlen n und 3 die zweite Potenz der Summe aus 12 und x.

Addieren und Subtrahieren von Termen

Seite 16

14.

Term 1	Term 2	Term 3	Zusammenfassen?
4x	14x	−4x	ja
45	4a	4c	nein
4(x − y)	−4(x − y)	$\frac{1}{2}(x-y)$	ja

Seite 17

15. Wertgleiche Terme sind:
$-2x + 3$ und $-6x + 3 + 4x$
$7x^2 - 6xy$ und $6x^2 - 10xy + x^2 + 4yx$
$7y - 13x + 5y + 6x$ und $-7x + 12y$

16. a) $2x + 3x = (2 + 3)x = 5x$
b) $2xy^2 - 13y^2x = (2 - 13)xy^2 = -11xy^2$
c) $2{,}5sw + 3{,}2sw = (2{,}5 + 3{,}2)sw = 5{,}7sw$
d) $3{,}5xw^3 + \frac{1}{3}xw^3 = \left(\frac{7}{2} - \frac{1}{3}\right)xw^3 = \frac{19}{6}xw^3$
e) $2{,}2b - 3{,}6b - 0{,}7b = (2{,}2 - 3{,}6 - 0{,}7)b = -2{,}1b$
f) $\frac{1}{8}y^3 - \frac{1}{4}y^3 + 3y^3 = \left(\frac{1}{8} - \frac{1}{4} + 3\right)y^3 = \frac{23}{8}y^3$

17. a) $6x + 3x^2 = 9x^3$ ist falsch, da $6x$ und $3x^2$ nicht gleichartig sind. Den Term kann man nicht zusammenfassen.
b) $x - 2x + 3x - 11x = -9x$ ist richtig.
c) $x^3 - x^4 = -x$ ist falsch, da x^3 und x^4 nicht gleichartig sind. Den Term kann man nicht zusammenfassen.
d) $x + x^3 = x^4$ ist falsch, da x und x^3 nicht gleichartig sind. Den Term kann man nicht zusammenfassen.
e) „geht nicht" ist falsch, da x^3y und yx^3 gleich sind und somit gilt: $14x^3y - 10yx^3 = 4x^3y$
f) $4v + 4w = 4vw$ ist falsch, da 4v und 4w nicht gleichartig sind. Den Term kann man nicht zusammenfassen.

Seite 18

18. a) $x + 12y - 16x - 19y + 2x - 7x$
$= (x - 16x + 2x - 7x) + (12y - 19y) = -20x - 7y$

b) $\frac{2}{3}y - \frac{3}{4}x - \frac{5}{6}y + 0{,}25x - \frac{3}{2}x$
$= \left(-\frac{3}{4}x + 0{,}25x - \frac{3}{2}x\right) + \left(\frac{2}{3}y - \frac{5}{6}y\right)$
$= \left(-\frac{3}{4}x + \frac{1}{4}x - \frac{6}{4}x\right) + \left(\frac{4}{6}y - \frac{5}{6}y\right)$
$= \left(-\frac{3}{4} + \frac{1}{4} - \frac{6}{4}\right)x + \left(\frac{4}{6} - \frac{5}{6}\right)y = -2x - \frac{1}{6}y$

c) $0{,}2a - 1{,}5b + (2{,}8a - 0{,}5b) - 5{,}5b$
$= (0{,}2a + 2{,}8a) + (-1{,}5b - 0{,}5b - 5{,}5b) = 3a - 7{,}5b$

d) $3u + (-v + 2w) + 3v - 3w + 12u$
$= (3u + 12u) + (-v + 3v) + (2w - 3w) = 15u + 2v - w$

Multiplizieren und Dividieren von Termen

19. a) $-12 \cdot a \cdot (x \cdot 3)$ (KG)
$= -12 \cdot a \cdot (3 \cdot x)$ (AG)
$= -12 \cdot 3 \cdot (a \cdot x)$
$= -36ax$

b) $-\frac{1}{4} \cdot (a \cdot 12)$ (AG)
$= a \cdot \left(-\frac{1}{4} \cdot 12\right)$
$= a \cdot (-3)$ (KG)
$= -3a$

c) $-(3x + 7x) \cdot 2a$ (DG)
$= [(-3 + 7) \cdot x] \cdot 2 \cdot a$
$= (4 \cdot x) \cdot 2 \cdot a$ (AG)
$= (4 \cdot 2) \cdot x \cdot a$
$= 8 \cdot x \cdot a$ (KG)
$= 8ax$

d) $(-12a) : 3$ (Kehrwert)
$= (-12 \cdot a) \cdot \frac{1}{3}$
$= \left(-12 \cdot \frac{1}{3}\right) \cdot a$ (AG)
$= -4a$

Seite 19

20. a) Richtig.
b) Falsch, richtig wäre: $x \cdot x \cdot x \cdot x = x^4$.
c) Richtig.
d) Falsch, richtig wäre: $4 \cdot (-3x \cdot y) = [4 \cdot (-3)]xy = -12xy$.
e) Richtig.
f) Falsch, richtig wäre: $8x \cdot 4a : 2 = \frac{8x \cdot 4a}{2} = \frac{4x \cdot 4a}{1}$
$= (4 \cdot 4)xa = 16xa$.

21. Figur 1: $A = 4a \cdot 5b - 2a \cdot b - 1{,}5a \cdot 2b$
$= 20ab - 2ab - 3ab = 15ab$
Figur 2: $A = 6a \cdot 6b - 3a \cdot 1{,}5b - \frac{1}{2} \cdot 3a \cdot 3b$
$= 36ab - 4{,}5ab - 4{,}5ab = 27ab$

Seite 20

22. a) $(x \cdot 4)^2 = x^2 \cdot 4^2 = 16x^2$
b) $\left(\frac{1}{2} \cdot a^2 \cdot 2x^3\right)^2 = \left(\frac{1}{2}\right)^2 \cdot (a^2)^2 \cdot (2x^3)^2$
$= \frac{1}{4} \cdot a^4 \cdot 4x^6 = \frac{1}{4} \cdot 4 \cdot a^4x^6 = a^4x^6$
c) $(a^3b^2 2)^3 = a^9 \cdot (b^2)^3 \cdot 2^3 = 8a^9b^6$
d) $(-12a)^2 \cdot 5a^3 = (-12)^2 \cdot a^2 \cdot 5a^3 = 144 \cdot 5 \cdot a^2 \cdot a^3 = 720a^5$
e) $[(ab)^3]^2 = (a^3 \cdot b^3)^2 = (a^3)^2 \cdot (b^3)^2 = a^6 \cdot b^6$
f) $(-2t)^3 \cdot (-z)^5 = (-2)^3t^3 \cdot (-1)^5z^5 = -8 \cdot (-1) \cdot t^3z^5 = 8t^3z^5$

23. a) Der Term für das Volumen ist:
$V = \frac{1}{2} \cdot a \cdot (a + 2a) \cdot h = \frac{1}{2} \cdot a \cdot 3a \cdot h = \frac{3}{2}a^2h$
b) Für $a = 4\,cm$ und $h = 14\,cm$ folgt:
$V = \frac{3}{2} \cdot (4\,cm)^2 \cdot 14\,cm = 336\,cm^3$

Auflösen einer Klammer

Seite 21

24. a) $\frac{3}{2} \cdot (3x - 2y) = \frac{3}{2} \cdot 3x - \frac{3}{2} \cdot 2y = \frac{9}{2}x - 3y$
b) $(-4) \cdot (3 - y) = (-4) \cdot 3 + (-4) \cdot (-y) = -12 + 4y$
c) $\frac{1}{2}a\left(-2ab + \frac{1}{3}ac + 14b\right)$
$= \frac{1}{2}a(-2ab) + \frac{1}{2}a\frac{1}{3}ac + \frac{1}{2}a14b$
$= \frac{1}{2}(-2)aab + \frac{1}{2} \cdot \frac{1}{3}aac + \frac{1}{2} \cdot 14ab$
$= -a^2b + \frac{1}{6}a^2c + 7ab$
d) $(-12a)^2 \cdot (5a^3 + 2ab) = 144a^2 \cdot (5a^3 + 2ab)$
$= 144a^2 \cdot 5a^3 + 144a^2 \cdot 2ab = 720a^5 + 288a^3b$
e) $(32a + 16) : 4 = 32a : 4 + 16 : 4 = 8a + 4$
f) $(-128ab + 16b) : 8b = -128ab : 8b + 16b : 8b = -16a + 2$

25. a) Der Term lautet: $M = 5 \cdot (S - 3) + 3$.
Begründung:
S: Ist das Alter des Sohnes.
S − 3: Ist das Alter des Sohnes vor drei Jahren.
M: Ist das Alter der Mutter.
M − 3: Ist das Alter der Mutter vor drei Jahren.
Vor drei Jahren war die Mutter fünfmal so alt wie ihr Sohn. Dies bedeutet: $M - 3 = 5 \cdot (s - 3)$.
Löst man die Gleichung nach M auf, so erhält man die obere Termgleichung.

b) Das Einsetzen der Werte von s in M liefert:
Für $S = 5$ gilt: $M = 13$.
Für $S = 7$ gilt: $M = 23$.
Für $S = 10$ gilt: $M = 38$.

c) Der Graph:

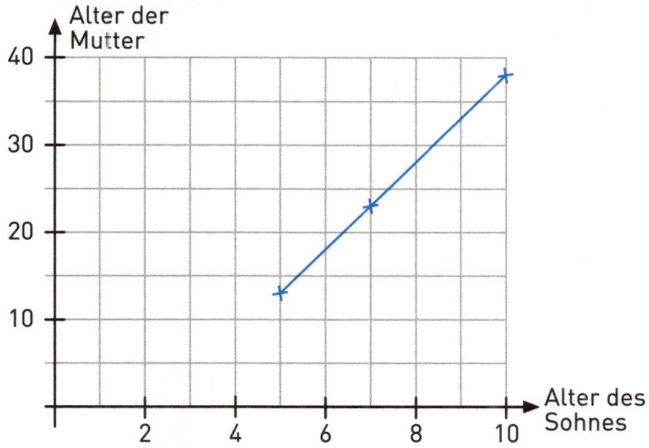

Die Punkte liegen auf einer Geraden.

d) Der Sohn ist 8 Jahre alt. (siehe Graph)

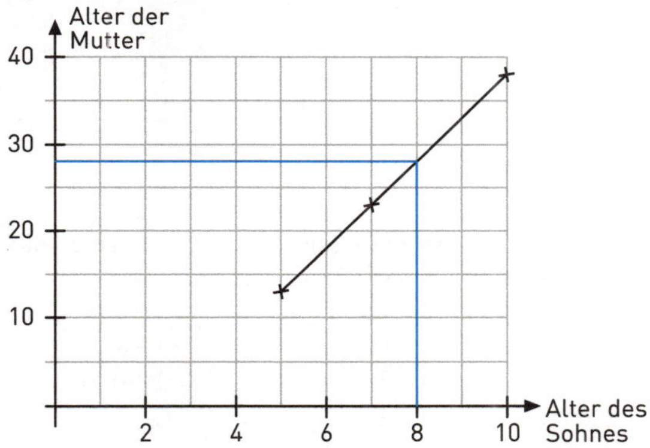

Kontrolle durch Berechnung des Termwertes für $s = 8$:
$M = 5 \cdot (8 - 3) + 3 = 28$

Minuszeichen vor einer Klammer – Subtrahieren einer Klammer

Seite 22

26. a) $-(-12a - b) + 6a = 12a + b + 6a = 18a + b$

b) $-3a - (5a + 2b) + 15b = -3a - 5a - 2b + 15b$
$= -8a + 13b$

c) $(3x + 16y - 9x) - 4(5x + 6y - 9x)$
$= (-6x + 16y) - 4(-4x + 6y) = -6x + 16y - (-16x + 24y)$
$= -6x + 16y + 16x - 24y = 10x - 8y$

d) $3v + (-2v + 3w) - 3(5w - v) = 3v - 2v + 3w - (15w - 3v)$
$= 3v - 2v + 3w - 15w + 3v = 4v - 12w$

e) $\left(\frac{1}{4}e - \frac{2}{3}f + \frac{5}{6}\right) - \left(-\frac{5}{6}f - \frac{7}{12}e + \frac{1}{3}\right)$
$= \frac{1}{4}e - \frac{2}{3}f + \frac{5}{6} + \frac{5}{6}f + \frac{7}{12}e - \frac{1}{3}$
$= \frac{3}{12}e + \frac{7}{12}e - \frac{8}{12}f + \frac{10}{12}f - \frac{2}{6} + \frac{5}{6}$
$= \frac{10}{12}e + \frac{2}{12}f + \frac{3}{6} = \frac{5}{6}e + \frac{1}{6}f + \frac{1}{2}$

f) $\left(4{,}5s - 0{,}75t + \frac{3}{2}\right) - 2(0{,}4t - 0{,}6s + 0{,}5)$
$= 4{,}5s - 0{,}75t + \frac{3}{2} - (0{,}8t - 1{,}2s + 1)$
$= 4{,}5s - 0{,}75t + 1{,}5 - 0{,}8t + 1{,}2s - 1 = 5{,}7s - 1{,}55t + 0{,}5$

27. Die Minus- und Pluszeichen sind blau gefärbt.

a) $3x - (2 + x) = 2x - 2$

b) $5b - (2b + 3c) = 3b - 3c$

c) $-(2x + 3) + (-5 + 2x) = -8$

d) $-0{,}5x - (0{,}5y + 2{,}5x) + 0{,}3y = -3x - 0{,}2y$

Ausklammern

Seite 23

28. a) $21x - 35y - 14z = 7 \cdot 3x - 7 \cdot 5y - 7 \cdot 2z = 7(3x - 5y - 2z)$

b) $0{,}25x - 0{,}75y + 1{,}5z^2 = 0{,}25 \cdot x - 0{,}25 \cdot 3y + 0{,}25 \cdot 6z^2$
$= 0{,}25(x + 3y + 6z^2)$

c) $9a^3 + 3a^2 = 3 \cdot a^2 \cdot 3a + 3 \cdot a^2 = 3a^2(3a + 1)$

d) $8x \cdot (x + y) + 4x^3 \cdot (x + y) - 2x^2 \cdot (x + y)$
$= 2 \cdot 4 \cdot x \cdot (x + y) + 2 \cdot 2 \cdot x \cdot x^2 \cdot (x + y) - 2 \cdot x \cdot x \cdot (x + y)$
$= 2x(x + y) \cdot (4 + 2x^2 - x)$

e) $24x^3 - 16x + 48x^2y = 8 \cdot 3x^2 \cdot x - 8 \cdot 2 \cdot x + 8 \cdot 6xy \cdot x$
$= 8x \cdot (3x^2 + 6xy - 2)$

f) $\frac{1}{5}b^2 \cdot (a - b) - 2b \cdot (a - b) = \frac{1}{5} \cdot b \cdot b \cdot (a - b) - 2 \cdot b \cdot (a - b)$
$= b(a - b) \cdot \left(\frac{1}{5}b - 2\right)$

Seite 24

29. a) $-9x - 5 = -(9x + 5)$

b) $-3x + 4y - z = -(3x - 4y + z)$

c) $4a - 13b - 7c = -(-4a + 13b + 7c)$

d) $-ad + b + \frac{1}{2}c = -(ad - b - \frac{1}{2}c)$

30. a) $A = A_1 + A_2 + A_3 = \frac{1}{2}ab + \frac{1}{2}b^2 + \frac{1}{2}bc$

b) $A = \frac{1}{2}b(a + b + c)$
Einsetzen: $A = \frac{1}{2} \cdot 5(3{,}5 + 5 + 2{,}5) = \frac{5}{2} \cdot (11) = 27{,}5$
Der Flächeninhalt ist $27{,}5\,cm^2$ groß.

Auflösen von zwei Klammern in einem Produkt

31. a) $(-x - 5) \cdot (3 + x) = -x(3 + x) - 5(3 + x)$
$= -3x - x^2 - 15 - 5x = -x^2 - 8x - 15$

b) $(2a - b) \cdot (a + 2b) = 2a(a + 2b) - b(a + 2b)$
$= 2a^2 + 4ab - ba - 2b^2 = 2a^2 + 3ab - 2b^2$

c) $(a - 2) \cdot (4a - 13 - c) = a(4a - 13 - c) - 2(4a - 13 - c)$
$= 4a^2 - 13a - ac - 8a + 26 + 2c$
$= 4a^2 - ac - 21a + 2c + 26$

d) $\left(-a + b + \frac{1}{3}\right) \cdot (2b + 3) = (2b + 3) \cdot \left(-a + b + \frac{1}{3}\right)$
$= 2b \cdot \left(-a + b + \frac{1}{3}\right) + 3 \cdot \left(-a + b + \frac{1}{3}\right)$
$= -2ab + 2b^2 + \frac{2}{3}b - 3a + 3b + 1$
$= -2ab - 3a + 2b^2 + \frac{11}{3}b + 1$

Seite 25

32. a) $\frac{1}{2}(a + b)c = \frac{1}{2}ac + \frac{1}{2}bc$
Veranschaulichung:

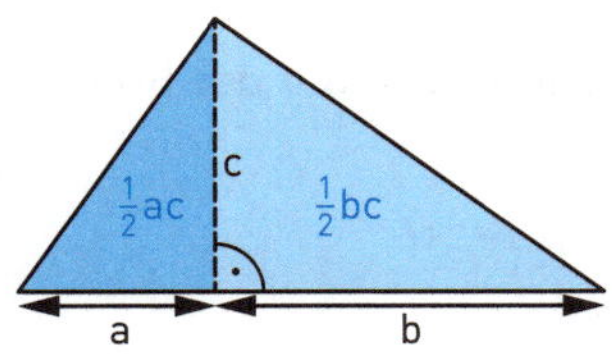

b) $c(a + 2 + b) - \frac{1}{2}bc = ac + 2c + bc - \frac{1}{2}bc = ac + 2c + \frac{1}{2}bc$

Veranschaulichung:

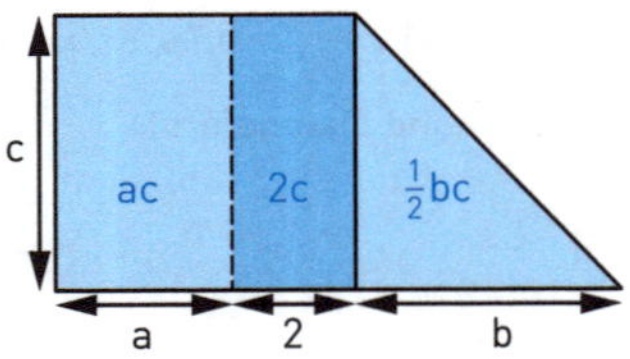

33. a) $(2x - 2) \cdot (4x - 1) = -(-8x^2 + 1)$

$8x^2 - 2x - 8x + 2 = 8x^2 - 1$

$8x^2 - 10x + 2 = 8x^2 - 1 \quad | -8x^2$

$-10x + 2 = -1 \quad | -2$

$-10x = -3 \quad | :(-10)$

$x = \frac{3}{10};\ L = \left\{\frac{3}{10}\right\}$

b) $2x^2 - \left(x + \frac{1}{3}\right) \cdot (x + 3) = x^2 + 2$

$2x^2 - \left(x^2 + 3x + \frac{1}{3}x + 1\right) = x^2 + 2$

$2x^2 - x^2 - 3x - \frac{1}{3}x - 1 = x^2 + 2$

$x^2 - 3\frac{1}{3}x - 1 = x^2 + 2 \quad | -x^2$

$-3\frac{1}{3}x - 1 = 2 \quad | +1$

$-\frac{10}{3}x = 3 \quad | :\left(-\frac{10}{3}\right)$

$x = -\frac{9}{10};\ L = \left\{-\frac{9}{10}\right\}$

Binomische Formeln

34. a) $(x - 5)(x + 5) = x^2 - 25$

b) $(2a - b)^2 = 4a^2 - 4ab + b^2$

c) $(3a + 2b)^2 = 9a^2 + 12ab + 4b^2$

d) $(2p^2 + q)(2p^2 - q) = 4p^4 - q^2$

e) $(4x^2 + 2xy)^2 = 16x^4 + 16x^3y + 4x^2y^2$

f) $\left(\frac{3}{2}s^3 - \frac{2}{3}t\right)^2 = \frac{9}{4}s^6 - 2s^3t^2 + \frac{4}{9}t^2$

Seite 26

35. a)

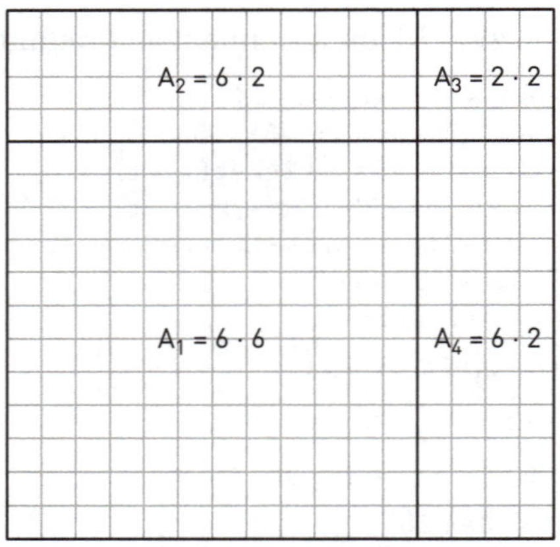

b) Wie man der Zeichnung entnehmen kann, gilt für die gesamte Fläche:

$A = A_1 + A_2 + A_3 + A_4 = 6 \cdot 6 + 6 \cdot 2 + 2 \cdot 2 + 6 \cdot 2$

$= 6 \cdot 6 + 2 \cdot 6 \cdot 2 + 2 \cdot 2 = (6 + 2)^2 = 8^2 = 64$

Somit besteht das Tischdeckchen aus genau 64 Feldern.

Faktorisieren einer Summe anhand der binomischen Formeln

36. a) $4s^2 + 2st + 0{,}25t^2 = \left(2s + \frac{1}{2}t\right)^2$

b) $16x^2 + 16xy + 4y^2 = (4x + 2y)^2$

c) $\frac{1}{4}x^2 - \frac{1}{9}y^2 = \left(\frac{1}{2}x - \frac{1}{3}y\right)\left(\frac{1}{2}x + \frac{1}{3}y\right)$

d) $a^2 - 6ab + 9b^2 = (a - 3b)^2$

Seite 27

37. a) $a^2 - 2xa + x^2 = (a - x)^2$

b) $s^2 + 8st + 16t^2 = (s + 4t)^2$

c) $\frac{1}{16}s^2 + \frac{1}{6}st + \frac{1}{9}t^2 = \left(\frac{1}{4}s + \frac{1}{3}t\right)^2$

d) $x^2 + 2x + 1 = (x + 1)^2$

e) $4a^2 - 8ab + 4b^2 = (2a - 2b)^2$

f) $\frac{1}{36} + \frac{1}{3}y + y^2 = \left(\frac{1}{6} + y\right)^2$

Formeln – Gleichungen mit Parametern

38. Beachte, dass es manchmal mehrere Möglichkeiten gibt, Terme umzuformen. Wichtig ist nur, dass die Umformungen Äquivalenzumformungen sind und dass das Endergebnis richtig sein muss.

a) $3a - ta = 1 \quad |$ a ausklammern

$a \cdot (3 - t) = 1 \quad | :(3 - t)$

$a = \frac{1}{(3 - t)}$

b) $a = -\frac{b}{2} + 3 \quad | +\frac{b}{2}$

$a + \frac{b}{2} = 3 \quad | -a$

$\frac{b}{2} = 3 - a \quad | \cdot 2$

$b = 6 - 2a$

c) $4x = 2y + \frac{1}{2} \quad | -2y$

$4x - 2y = \frac{1}{2} \quad | -4x$

$-2y = \frac{1}{2} - 4x \quad | :(-2)$

$y = -\frac{1}{4} + 2x$

39. a) $x\left(x - \frac{1}{2}\right) = \left(x - \frac{1}{2}\right)^2 \quad |$ Ausmultiplizieren

$x^2 - \frac{1}{2}x = x^2 - x + \frac{1}{4} \quad | -x^2$

$-\frac{1}{2}x = -x + \frac{1}{4} \quad | +x$

$\frac{1}{2}x = \frac{1}{4} \quad | \cdot 2$

$x = \frac{1}{2}$

$L = \left\{\frac{1}{2}\right\}$

b) $(x - a)^2 = (x + 2a)^2 + 1 \quad |$ Ausmultiplizieren

$x^2 - 2ax + a^2 = x^2 + 4ax + 4a^2 \quad | -x^2$

$-2ax + a^2 = 4ax + 4a^2 \quad | -4ax$

$-6ax + a^2 = 4a^2 \quad | -a^2$

$-6ax = 3a^2 \quad | :(-6a)$

$x = \frac{3a^2}{6a} = \frac{1}{2}a$

$L = \left\{\frac{1}{2}a\right\}$

Gleichungen vom Typ $T_1 \cdot T_2 = 0$

Seite 28

40. a) Es handelt sich hier nicht um ein exklusives ODER. Daher muss das Schlüsselwort „Entweder" weg. Die Berechnung wäre sonst richtig.

b) Falsch. Hier wurde die zweite binomische Formel mit der dritten verwechselt.

$(x - 4)^2 = 0$

$x - 4 = 0 \quad | +4$

$x = 4;\ L = \{4\}$

c) und **d)** Richtig.

41. a) $(3x - 6)(2 + x) = 0$

b) $(5x + 1)(2x - 4) = 0$

c) $x(-5x + 15) = 0$

d) $\left(\frac{5}{24}x + 2{,}5\right)(x + 3) = 0$

Klassenarbeit 1.1

Seite 29/30

1. **a)** Die Differenz von zwei Zahlen.
b) $(x - y)^2$
c) Die Differenz aus den Quadraten von zweier Zahlen.
d) $5x - 0{,}12$
e) $2 \cdot (x + 4)$
f) Das Produkt aus 2 und dem Kehrwert einer Zahl.
(je 1 Punkt)

2.

a	b	c	$a^2 - 3b + c$	$b^2 - \frac{1}{2}c$
1	−2	−1	$1^2 - 3 \cdot (-2) + (-1) = 6$	$(-2)^2 - \frac{1}{2}(-1) = 4{,}5$
−1	−4	2	$(-1)^2 - 3 \cdot (-4) + 2 = 15$	$(-4)^2 - \frac{1}{2} \cdot 2 = 15$
−2	−3	4	$(-2)^2 - 3 \cdot (-3) + 4 = 17$	$(-3)^2 - \frac{1}{2} \cdot 4 = 7$

(je 1 Punkt)

3. **a)** $2a \cdot (2bc + a) = 4abc + 2a^2$
b) $4s - (-3s - 5x) - 7s = 4s + 3s + 5x - 7s = 5x$
c) $3 \cdot (4a + 3a^2) - a \cdot (2 - a) = 12a + 9a^2 - 2a + a^2 = 10a^2 + 10a$
d) $5 \cdot \left(\frac{3}{5}z - \frac{3}{5}k\right) - 3 \cdot \left(\frac{2}{3}z - 2k\right) = 3z - 3k - 2z + 6k = 3k + z$
e) $3 \cdot (y^2 - w) - 4 \cdot (y^2 - 5w) = 3y^2 - 3w - 4y^2 + 20w$
$= -y^2 + 17w$
f) $-5 \cdot [3x - (5x - 4y + 1)] = -5 \cdot (3x - 5x + 4y - 1)$
$= -15x + 25x - 20y + 5 = 10x - 20y + 5$ (je 1,5 Punkte)

4. **a)** $36a^2 + 36a + 9 = (6a + 3)^2$
b) $1 - 10x^2 + 25x^4 = (1 - 5x^2)^2$
c) $\frac{9}{4}s^2 - 6st + 4t^2 = \left(\frac{3}{2}s - 2t\right)^2$
d) $25v^2 - 25vw + \frac{25}{4}w = \left(5v - \frac{5}{2}w\right)^2$
(je 1 Punkt)

5. **a)** Das äußere Quadrat hat einen Flächeninhalt von $(a + b)^2$.
Das innere Quadrat hat einen Flächeninhalt von $(a - b)^2$.
Die Abbildung zeigt: Wenn man das innere Quadrat entfernt, bleiben 4 Rechtecke übrig.
Jedes dieser Rechtecke hat einen Flächeninhalt von ab.
(4 Punkte)
b) $(a + b)^2 - (a - b)^2 = a^2 + 2ab + b^2 - (a^2 - 2ab + b^2)$
$= a^2 + 2ab + b^2 - a^2 + 2ab - b^2 = 4ab$
(je binomische Formel 1 Punkt, je Umformung 1 Punkt)

6. Gegeben: Z = 120 %; G = 30,60 €
Gesucht: W % (1 Punkt)
Rechnung: W = 30,60 € : 1,2 = 25,50 € (2 Punkte)
Antwort: Er bekam vorher 25,50 Euro Taschengeld. (1 Punkt)

Zum Nacharbeiten						
Aufgabe	1	2	3	4	5	6
Schulbuch, Seite	23	18	40, 47, 55	55	55, 58	Kl. 7, 71–81

Klassenarbeit 1.2

Seite 31/32

1. **a)** Term: $a - 5$
b) Term: $2a$
c) Term: $a + 28$
d) Term: $(3a)^2$
e) Term: $9(a - 1)$
(je 1 Punkt)

2. **a)** $A = A_1 + A_2 = \frac{1}{2}(1 + a)b + (1 + a)(2 + b)$
b) $A = (1 + a)\left(\frac{1}{2}b + 2 + b\right) = (1 + a)\left(2 + \frac{3}{2}b\right)$
Einsetzen: $A = (1 + 1)(2 + \frac{3}{2} \cdot 2) = 10$
Der Flächeninhalt ist $10\,cm^2$ groß.
(je 2 Punkte für den Term, für die Faktorisierung, für die Berechnung)

3. **a)** $2(a - b) \cdot (b + a) - 2(a + b)^2$
$= 2(a^2 - b^2) - 2(a^2 + 2ab + b^2)$
$= 2a^2 - 2b^2 - 2a^2 - 4ab - 2b^2$
$= -4b^2 - 4ab$
b) $-4s(5t - s) - (2s - 5t)^2 + 20t^2$
$= -20st + 4s^2 - (4s^2 - 20st + 25t^2) + 20t^2$
$= -20st + 4s^2 - 4s^2 + 20st - 25t^2 + 20t^2 = -5t^2$
c) $-3x \cdot (4x + 1) - 2x \cdot (1 - 6x) = -12x^2 - 3x - 2x + 12x^2 = -5x$
d) $2 \cdot (x - 18) - 4 \cdot (x + 3) \cdot (x - 3)$
$= 2x - 36 - 4 \cdot (x^2 - 9) = 2x - 36 - 4x^2 + 36 = -4x^2 + 2x$
(je 2 Punkte pro Term)

4. **a)**

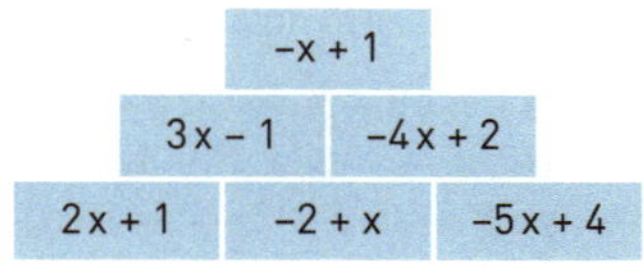

b)

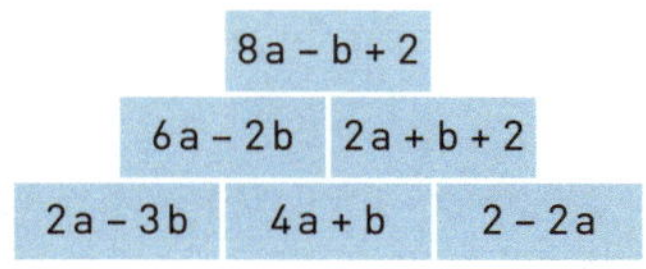

(je 1 Punkt pro Term)

5. Sei x die Anzahl der sauren Schlangen, dann gilt:
$7{,}6 = 0{,}2x + 0{,}05x + 0{,}45 \cdot 8$
$7{,}6 = 0{,}25x + 3{,}6$ $\quad | -3{,}6$
$4 = 0{,}25x$ $\quad | : 0{,}25$
$x = 16$
Tammo kauft 16 saure Schlangen und 16 saure Zungen.
(Ansatz, Lösung, Antwortsatz jeweils 1 Punkt)

6. **a)** Der Rechenbaum

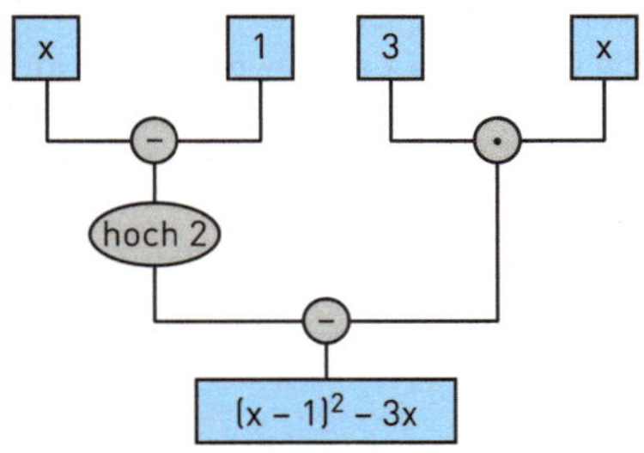

Der Term ist eine Differenz.

b) Der Rechenbaum

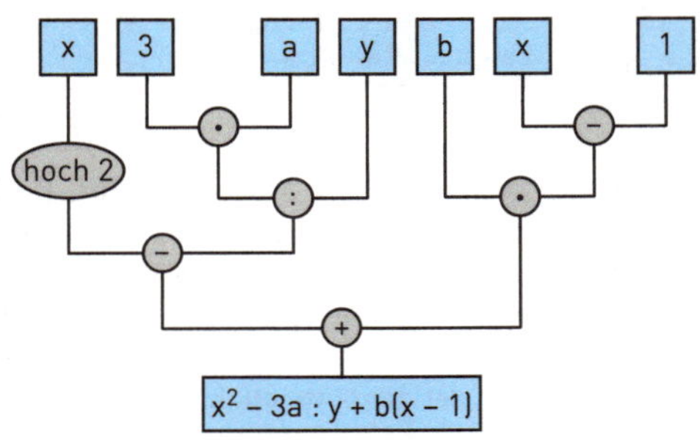

Der Term ist eine Summe.
(Baum je 2 Punkte, Typ je 1 Punkt)

7. **a)** $P(\text{Kreuz } 7) = \frac{1}{32}$
b) $P(\text{Herz}) = \frac{8}{32} = \frac{1}{4}$

c) $P(\text{Dame}) = \frac{4}{32} = \frac{1}{8}$

d) P(Herz- oder Pik-König)
$= P(\text{Herz-König}) + P(\text{Pik-König}) = \frac{1}{32} + \frac{1}{32} = \frac{2}{32} = \frac{1}{16}$
(4 Punkte)

Zum Nacharbeiten							
Aufgabe	1	2	3	4	5	6	7
Schulbuch, Seite	15	15–21	40–48, 55	11, 12, 62	22, 23, 40, 41	23	Kl. 7, 177–179

Klassenarbeit 1.3

Seite 33/34

1. a) Der Term heißt: $(3x + 5)(x - 1)^3$.
Der Typ des Terms ist ein Produkt.
b) Der Term heißt: $(a + 2) \cdot b : (a + 12)$.
Der Typ des Terms ist ein Quotient.
(jeweils 2 Punkte für den Term und 1 Punkt für den Typ)

2. a) $18a - 36b - 9c = 9 \cdot 2a - 9 \cdot 4b - 9 \cdot c = 9(2a - 4b - c)$
b) $8a^3 + 32a^6 = 8 \cdot a^3 + 4 \cdot 8 \cdot a^3 \cdot a^3 = 8 \cdot a^3 \cdot (1 + 4a^3)$
c) $24x^3y - 12xy + 48x^2y = 12x \cdot x^2 \cdot y - 12x \cdot y + 4 \cdot 12x \cdot x \cdot y$
$= 12xy \cdot (x^2 + 4x - 1)$
(a) bis c) je 1 Punkt)

d) $0{,}25x \cdot (x + 1) - 0{,}75x - 0{,}75$
$= 0{,}25x \cdot (x + 1) - 0{,}75 \cdot (x + 1)$
$= 0{,}25 \cdot x \cdot (x + 1) - 3 \cdot 0{,}25 \cdot (x + 1) = 0{,}25 \cdot (x + 1) \cdot (x - 3)$
e) $-a \cdot (a - b) + 4a^3 \cdot (a - b) - 2a^2 \cdot (a - b)$
$= -a \cdot (a - b) + 4a^2 \cdot a \cdot (a - b) - 2 \cdot a \cdot a \cdot (a - b)$
$= a \cdot (a - b) \cdot (-1 + 4a^2 - 2a) = a \cdot (a - b) \cdot (4a^2 - 2a - 1)$
f) $\frac{2}{3}x^2 \cdot (x + 1) - \frac{1}{3}x \cdot (x + 1)^2$
$= 2 \cdot \frac{1}{3} \cdot x \cdot x \cdot (x + 1) - \frac{1}{3} \cdot x \cdot (x + 1) \cdot (x + 1)$
$= \frac{1}{3}x(x + 1) \cdot (2x - (x + 1)) = \frac{1}{3}x(x + 1) \cdot (x - 1)$
(d) bis f) je 2 Punkte)

3. a) Term für den Flächeninhalt: $a \cdot a - b \cdot b$
Es gibt noch andere Möglichkeiten. (1 Punkt)
b) Term für den Umfang: $a + a + (a - b) + b + b + (a - b) = 4a$
(1 Punkt)
c) Flächeninhalt: $25\,m \cdot 25\,m - 10\,m \cdot 10\,m = 525\,m^2$
Umfang: $4a = 4 \cdot 25\,m = 100\,m$
(je 1 Punkt für die Berechnung)

4.

x + 3	x	x
x − 2	x + 1	x + 4
x + 2	x + 2	x − 1

a + 2b	4a + c	a − c + b
2a − c	2a + b	2a + 2b + c
3a + b + c	2b − c	3a

(je 0,5 Punkte)

5. Die Winkel haben die folgenden Größen $\alpha = 120°$, $\beta = 30°$ und $\gamma = 30°$. Es handelt sich um ein stumpfwinkliges Dreieck. Wenn ich die Mittelsenkrechten konstruiere, erhalte ich einen Schnittpunkt, der der Mittelpunkt des Umkreises ist. Wenn ich die Winkelhalbierenden konstruiere, erhalte ich einen Schnittpunkt, der der Mittelpunkt des Inkreises ist.
(je 0,5 Punkte)

Zum Nacharbeiten					
Aufgabe	1	2	3	4	5
Schulbuch, Seite	23	49	15-21	26-33	Kl. 7

2. Lineare Funktionen

Zum Aufwärmen: Verstehen und Üben

Funktionen als eindeutige Zuordnungen

Seite 35

1. Bei den Zuordnungen (1), (2) und (5) handelt es sich um Funktionen.

2. Bei den Graphen a) und c) handelt es sich um Funktionsgraphen, da jedem x-Wert eindeutig ein y-Wert zugeordnet ist. Bei dem Graphen b) handelt es sich nicht um einen Funktionsgraphen, da an der Stelle $x = 2$ sogar unendlich viele y-Werte existieren.

Seite 36

3. a) Ulrike: Note 2, Peter: Note: 4
b)

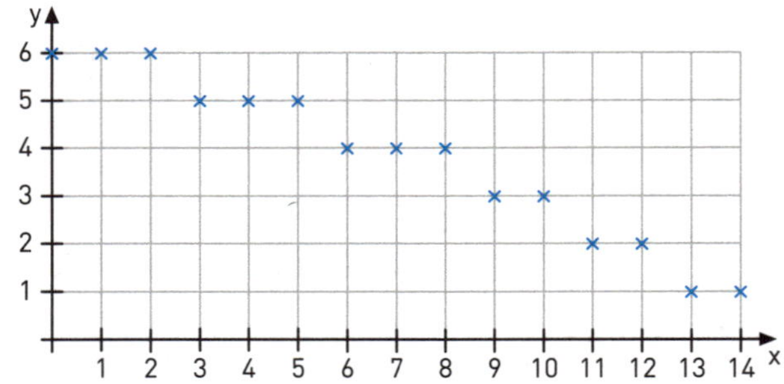

c) Es handelt sich bei der Zuordnung um eine Funktion, da jeder Punktzahl eindeutig eine Note zugeordnet wird.
d) Die Zuordnung *erhaltene Note → erreichte Punktzahl* ist keine Funktion, da jeder Note zwei oder sogar drei unterschiedliche Punktzahlen zugeordnet werden.

Seite 37

4. a)

x (Anzahl der übereinander gestapelten Pappkartons)	y (Anzahl der sichtbaren Seitenflächen)
1	5
2	9
3	13
4	17
5	21
6	25
7	29

b) Es ist nicht sinnvoll die Punkte zu verbinden, da die Anzahl der Pappkartons ganzzahlig ist.

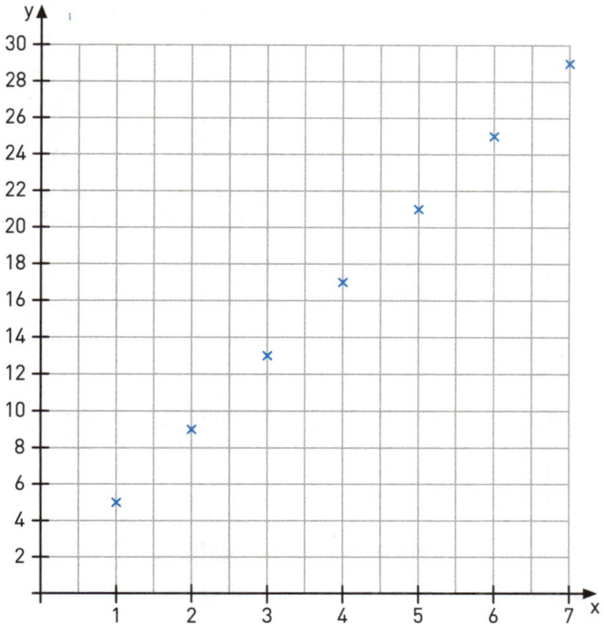

c) $y = 4x + 1$

Seite 38

5. a) $f(0) = 3 \cdot 0 - 5 = -5$; $g(0) = 0^2 + 5 = 5$

b) $f(2) = 3 \cdot 2 - 5 = 1$; $g(2) = 2^2 + 5 = 9$

c) $f(5) = 3 \cdot 5 - 5 = 10$; $g(5) = 5^2 + 5 = 30$

6. a) $f(0) = 0$; $f(-4) = -8$; $f(5) = 10$

A und C liegen auf dem Graphen von f.

b) $g(0) = 0$; $g(-4) = 3$; $g(5) = -\frac{15}{4}$

A und B liegen auf dem Graphen von g.

c) $h(0) = 3$; $h(-4) = -1{,}8$; $h(5) = 9$

D liegt auf dem Graphen von h.

7. a) $y = x \cdot (x + 1)$

b)

x	−2	−1,5	−1	−0,5	0	0,5	1	1,5
y	2	0,75	0	−0,25	0	0,75	2	3,75

c)

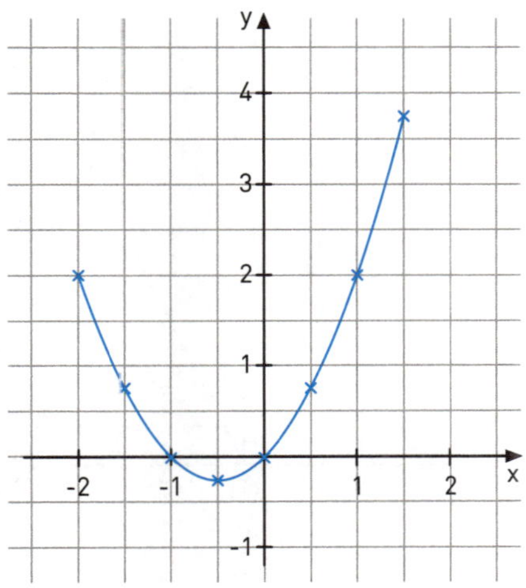

Proportionale Funktionen

Seite 39

8. a) $\frac{3{,}30}{1{,}5} = \frac{5{,}28}{2{,}4} = \frac{11}{5} = \frac{16{,}50}{7{,}5} = 2{,}2 \Rightarrow y = 2{,}2x$

b) Die Wertetabelle gehört nicht zu einer proportionalen Zuordnung, da $\frac{5{,}6}{2} = 2{,}8 \neq \frac{5}{5} = 1$.

c) $\frac{8}{48} = \frac{18}{108} = \frac{28{,}5}{171} = \frac{85}{510} = \frac{1}{6} \Rightarrow y = \frac{1}{6}x$

Seite 40

9. a)

x	y
−3	−9
−2	−6
−1	−3
0	0
1	3
2	6

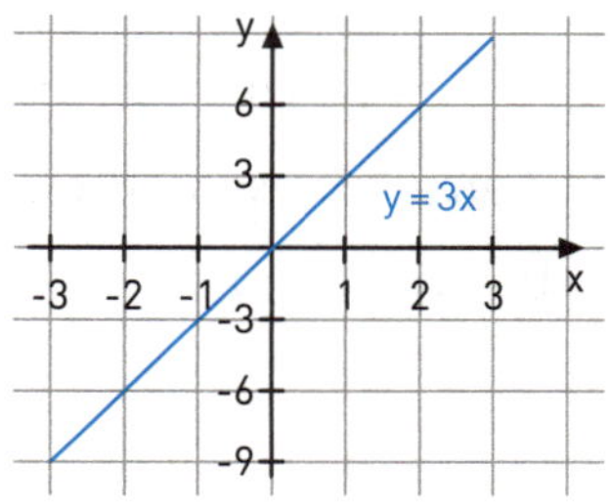

b) $y = -\frac{1}{2}x$

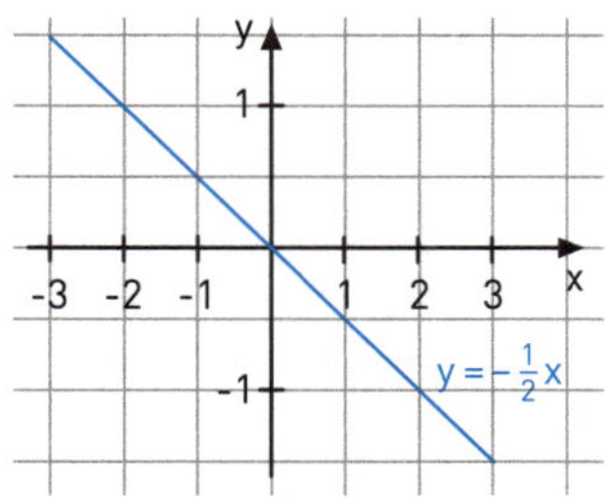

c) $y = -2{,}5x$

x	y
−2	5
−1	2,5
0	0
1	−2,5
2	−5
3	−7,5

d) $y = 1{,}5x$

x	y
−2	−3
−1	−1,5
0	0
1	1,5
2	3
3	4,5

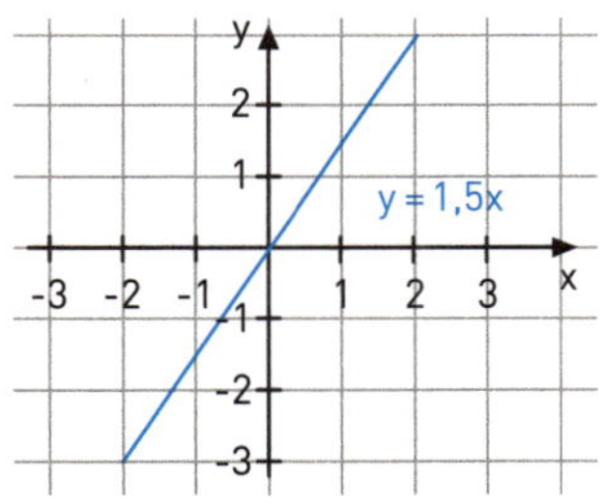

10. a)

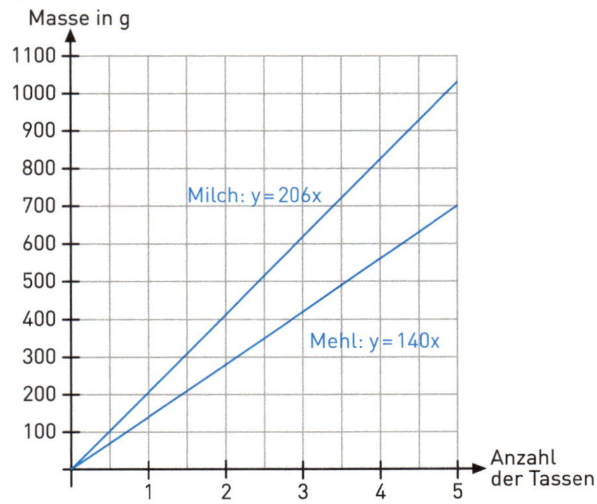

b) Man kann sehen, dass vier Tassen Mehl 560 g und drei Tassen Milch 618 g wiegen. $\frac{560}{618} \approx 0{,}906 = 90{,}6\,\%$

Die Massen weichen knapp 10 % voneinander ab, was bei einem Rezept nicht als gravierend angesehen werden muss.

c) Die Ansätze $140x_1 = 1000$ und $206x_2 = 1000$ liefern $x_1 = \frac{1000}{140} = \frac{50}{7} \approx 7{,}14$ und $x_2 = \frac{1000}{206} = \frac{500}{103} \approx 4{,}85$.

Diese Werte müssen mit dem Volumen von $V = 200$ ml multipliziert werden, so dass sich

$V_1 = \frac{50}{7} \cdot 200 \approx 1428{,}57$ [ml] sowie

$V_2 = \frac{500}{103} \cdot 200 \approx 970{,}87$ [ml] ergibt.

Steigung – Steigungsdreieck

Seite 41

11. a) Mit $m = \frac{y_2 - y_1}{x_2 - x_1}$ folgt: $m = \frac{12-6}{4-2} = 3$.

b) Mit $m = \frac{y_2 - y_1}{x_2 - x_1}$ folgt: $m = \frac{-4-2}{2-(-1)} = -2$.

Seite 42

12. a) (1) $\frac{x}{350} = \frac{9}{100} \Rightarrow 0{,}09 \cdot 350 = 31{,}5$

Der Höhenunterschied beträgt 31,5 m.

(2) $\frac{45}{x} = 0{,}09 \Rightarrow 45 : 0{,}09 = 500$

Die Horizontalstrecke beträgt 500 m.

b) $\frac{77}{550} = 0{,}14 = 14\,\%$

Die Straße hat ein Gefälle von 14 %.

Seite 43

13. a) (1) $y = -3x$ (2) $y = \frac{3}{2}x$ (3) $y = \frac{3}{5}x$

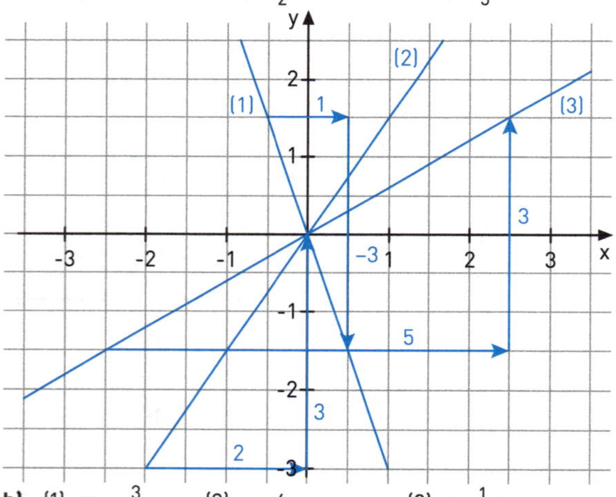

b) (1) $y = -\frac{3}{4}x$ (2) $y = 4x$ (3) $y = \frac{1}{5}x$

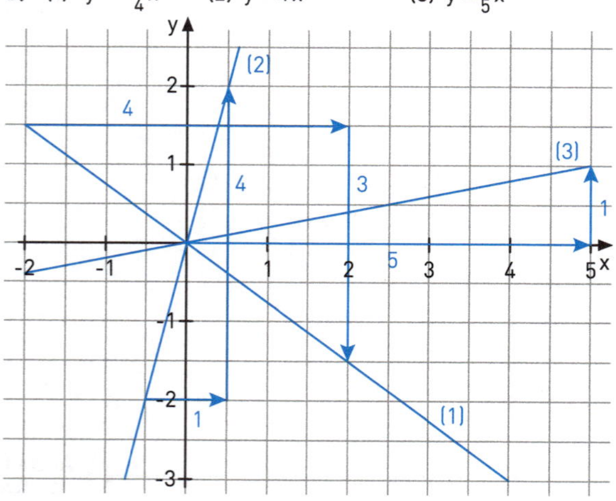

14.

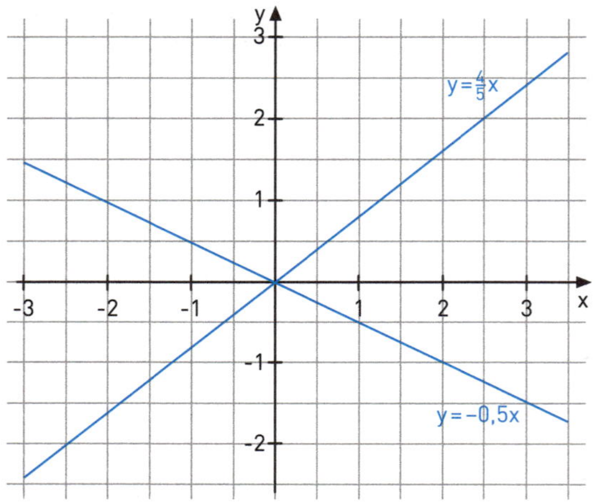

Wenn sich der x-Wert (1) um 1; (2) um 2; (3) um 5 erhöht, ändert sich der y-Wert …

a) … (1) um 0,8; (2) um 1,6; (3) um 4,

b) … (1) um −0,5; (2) um −1; (3) um −2,5.

Lineare Funktionen und ihre Graphen

Seite 44

15. a) Die Kerze hat zu Beginn eine Länge von 12 cm (b). In drei Stunden brennen 1,5 cm ab, so dass man davon ausgehen kann, dass pro Stunde 0,5 cm (m) abbrennen, da die Kerze näherungsweise gleich abbrennen wird.

$m = -0{,}5$; $b = 12$; $y = -0{,}5x + 12$

b)

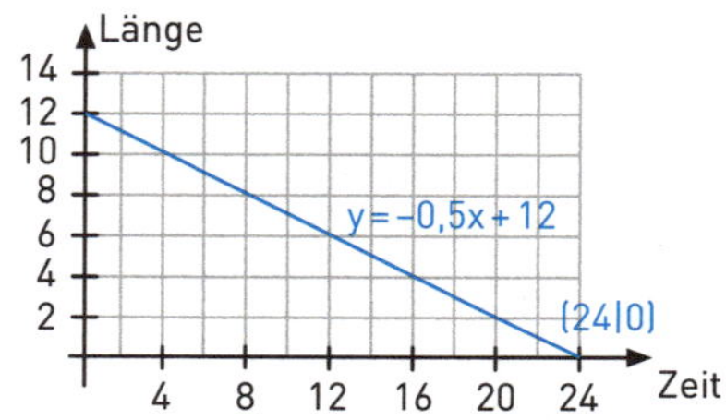

c) Es ist die Stelle abzulesen, an der der Graph die x-Achse schneidet. Die Brenndauer liegt bei 24 Stunden.

d) Die Kerze ist ebenfalls 12 cm lang. Allerdings muss sie dünner sein, da der Graph steiler fällt, d. h., dass die Kerze früher abgebrannt ist.

Seite 45

16. a) und **c)**

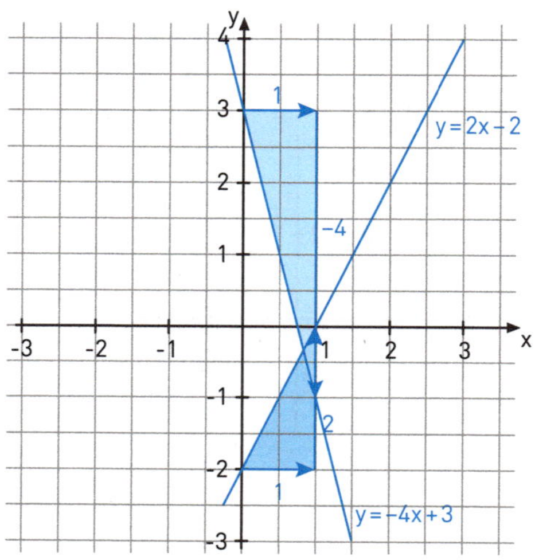

b) $b = -2$ ist der y-Achsenabschnitt.
Für die Steigung gilt: Man geht 1 Einheit nach rechts und 2 Einheiten nach oben, d. h. $m = \frac{2}{1} = 2$. Damit erhält man als Funkt onsgleichung: $y = 2x - 2$.

17. Blau markiert sind die Änderungen:
$f(x) = -\frac{1}{2}x - 1$; $g(x) = 2x + \frac{1}{2}$; $h(x) = \frac{2}{3}x + 1$

Seite 46

18. a) Die Graphen von $g_1(x) = 2x - 7$ und $h_1(x) = 2x - 3$ liegen aufgrund gleicher Steigung und unterschiedlicher y-Achsenabschnitte parallel zueinander.
b) Die Graphen von $g_2(x) = -3x + 1$ und $h_2(x) = 3x - 1$ schneiden sich aufgrund ungleicher Steigung (verschiedenes Vorzeichen).
c) Die Graphen von $g_3(x) = -\frac{1}{2}x + 1{,}5$ und $h_3(x) = -0{,}5x + \frac{3}{2}$ liegen aufeinander bzw. sind identisch, da die Steigungen und die y-Achsenabschnitte gleich sind.

19. a) $y = 0 \cdot x - 4$ bzw. $y = -4$
b) $y = \frac{3}{4}x + 2$
c) $y = -\frac{3}{4}x - 4$; Es gibt noch andere Lösungen.
d) $y = -\frac{3}{4}x + 4$
e) $y = -\frac{3}{4}x - 4$

Nullstellen linearer Funktionen – Lösen linearer Gleichungen

Seite 47

20. Die algebraische Lösung erhält man, in dem man den Funktionsterm mit Null gleichsetzt:

a) $0 = 0{,}2x - 1$
$1 = 0{,}2x$
$5 = x$

b) $0 = -0{,}8x - 3{,}2$
$3{,}2 = -0{,}8x$
$-4 = x$

c) $0 = -\frac{3}{5}x + \frac{3}{2}$
$-\frac{3}{2} = -\frac{3}{5}x$
$2{,}5 = x$

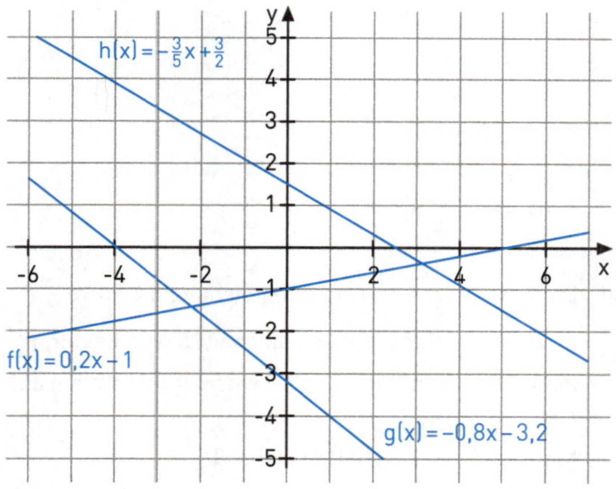

21. $f_1(x) = x - 2$ erfüllt die Voraussetzung auf jeden Fall, da man die zwei nur auf die andere Seite gebracht hat. Jedes Vielfaches des Terms muss auch die gleiche Nullstelle haben, z. B. $f_2(x) = 2(x - 2) = 2x - 4$.

22. Die Bestimmung der fehlenden Koordinaten erfolgt bei A und B durch Einsetzen der x-Koordinate. Die Bestimmung der x-Koordinate zu C und D kann durch Lösen einer linearen Gleichung erfolgen.

a) $f(0) = \frac{1}{3} \cdot 0 + \frac{10}{3} = \frac{10}{3} \Rightarrow A\left(0 \middle| \frac{10}{3}\right)$
$f(5) = \frac{1}{3} \cdot 5 + \frac{10}{3} = 5 \Rightarrow B(5|5)$
$\frac{1}{3}x + \frac{10}{3} = 1 \Rightarrow x = -7 \Rightarrow C(-7|1)$
$\frac{1}{3}x + \frac{10}{3} = -3 \Rightarrow x = -19 \Rightarrow D(-19|-3)$

b) $g(0) = -\frac{1}{5} \cdot 0 + 2{,}6 = 2{,}6 \Rightarrow A(0|2{,}6)$
$g(5) = -\frac{1}{5} \cdot 5 + 2{,}6 = 1{,}6 \Rightarrow B(5|1{,}6)$
$-\frac{1}{5}x + 2{,}6 = 1 \Rightarrow x = 8 \Rightarrow C(8|1)$
$-\frac{1}{5}x + 2{,}6 = -3 \Rightarrow x = 28 \Rightarrow D(28|-3)$

c) $h(0) = -\frac{2}{5} \cdot 0 + 2\frac{1}{5} \Rightarrow A\left(0 \middle| 2\frac{1}{5}\right)$
$h(5) = -\frac{2}{5} \cdot 5 + 2\frac{1}{5} \Rightarrow B\left(5 \middle| \frac{1}{5}\right)$
$-\frac{2}{5}x + 2\frac{1}{5} = 1 \Rightarrow x = 3 \Rightarrow C(3|1)$
$-\frac{2}{5}x + 2\frac{1}{5} = -3 \Rightarrow x = 13 \Rightarrow D(13|-3)$

23. a) Die Funktionsgleichungen lauten $y = 0{,}11x + 7{,}99$ (Anbieter A) und $y = 0{,}09x + 9{,}99$ (Anbieter B).
b) Man setzt die beiden Funktionsterme jeweils mit dem Flatratepreis gleich:
$0{,}11x + 7{,}99 = 19{,}99$ liefert $x \approx 109$ und
$0{,}09x + 9{,}99 = 19{,}99$ liefert $x \approx 111$.
Somit lohnt sich die Flatrate bei mehr als 111 benötigten Einheiten.

Seite 48

24. Die Höhe der Gondel in Abhängigkeit von der Zeit kann beschrieben werden durch $f(x) = 0{,}5x - 4$.
Setzt man $f(x) = 0$, ergibt sich: $0 = 0{,}5x - 4$ und damit $x = 8$.
Die Nullstelle der Funktion liegt bei $x = 8$.
Ihre Bedeutung im Sachkontext ist, dass die Gondel nach acht Minuten auftaucht. Sie begrenzt zudem den sinnvollen Definitionsbereich der Funktion f.

25. Die Funktion $f(x) = -17x + 328\,540$ beschreibt den Kerosinbestand in Abhängigkeit von den geflogenen Kilometern. Die Nullstelle gibt die maximale Reichweite an:
$0 = -17x + 328\,540$ liefert $x \approx 19\,326$.
Die maximale Reichweite beträgt somit etwa 19 326 Kilometer.

26. a) $g: y = -\frac{1}{2}x + 3$; $h: y = \frac{1}{3}x - 2$
b) $-\frac{1}{2}x + 3 = 0$ liefert $x = 6$ und $\frac{1}{3}x - 2 = 0$ liefert ebenfalls $x = 6$.
c) Für den Flächeninhalt eines Dreiecks gilt: $A = \frac{g \cdot h_g}{2}$.
Mit $g = 3 - (-2) = 5$ und $h_g = 6$ erhält man
$A = \frac{5 \cdot 6}{2}$ [FE] = 15 [FE].

Geraden durch zwei Punkte

Seite 49

27. Allgemein wird mithilfe von $m = \frac{y_2 - y_1}{x_2 - x_1}$ zuerst die Steigung bestimmt. Anschließend wird einer der beiden Punkte in die allgemeine Form der linearen Funktionsgleichung eingesetzt und es wird nach b aufgelöst:

a) $m = \frac{3 - 1}{3 - 2} = 2$
$3 = 2 \cdot 3 + b$
$b = -3$
$f(x) = 2x - 3$

b) $m = \frac{4 - 5}{7 - (-3)} = -0{,}1$
$4 = -0{,}1 \cdot 7 + b$
$b = 4{,}7$
$f(x) = -0{,}1x + 4{,}7$

c) Da die x-Werte identisch sind, ist es nicht möglich, eine Steigung zu bestimmen. Somit können die beiden Punkte nicht auf dem Graphen einer linearen Funktion liegen.

28. Aufstellen der Gleichung der Geraden durch die Punkte P und Q: Die Steigung ist $m = \frac{2 - \left(-\frac{1}{2}\right)}{-3 - 2} = -\frac{1}{2}$. Die Gerade hat die Form $y = -\frac{1}{2} \cdot x + b$. Der y-Achsenabschnitt b wird bestimmt, indem man den Punkt P (oder Q) einsetzt und nach b auflöst. Mit $2 = -\frac{1}{2} \cdot (-3) + b$ erhält man $b = \frac{1}{2}$. Die Gerade hat die Gleichung $y = -\frac{1}{2}x + \frac{1}{2}$. R(7 | −3) liegt auf der Geraden, da seine Koordinaten die Gleichung $y = -\frac{1}{2}x + \frac{1}{2}$ erfüllen, d. h. die Aussage $-3 = -\frac{1}{2} \cdot 7 + \frac{1}{2}$ ist richtig. Die Punkte P, Q und R liegen auf einer Geraden.

Seite 50

29. Die Bewegung des U-Bootes lässt sich mithilfe einer linearen Funktion beschreiben. Mit den Punkten U_1 und U_2 erhält man $m = \frac{-3{,}57 - (-4)}{-1 - (-4)} = \frac{43}{300}$. Der y-Achsenabschnitt b wird bestimmt, indem man die Punktprobe mit dem Punkt U_1 (oder U_2) durchführt. Mit $-4 = \frac{43}{300} \cdot (-4) + b$ erhält man $b = -\frac{275}{75}$ und damit die Funktionsgleichung $y = \frac{43}{300} \cdot x - \frac{257}{75}$.
Setzt man nun $x = 10$ in die Funktion ein, erhält man die Tiefe des U-Boots an der Sandbank $\frac{43}{100} \cdot 10 - \frac{257}{75} = -\frac{299}{150}$.
Dieser Wert liegt so knapp über −2, dass eine Kollision zwar wohl nicht stattfände, eine Warnung aber trotzdem sinnvoll wäre.

30. a)

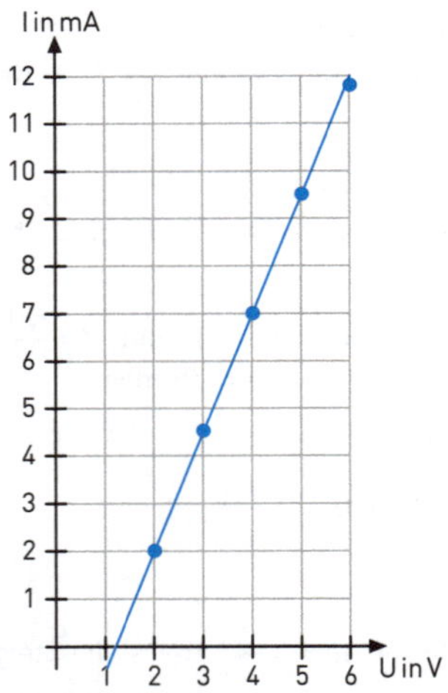

b) Die Skizze zeigt, dass die Zuordnung annähernd linear ist. Der angegebene Funktionsterm kann durch zwei Punkte bestimmt werden, wenn man nicht den Punkt P(6 | 11,8) benutzt. Da nur ein Wert abweicht, kann man entweder von einem Messfehler ausgehen oder hat die Grenzen der vermuteten Gesetzmäßigkeit gefunden (was hier der Fall ist, da der Innenwiderstand ansteigt).

31. (1) ist richtig, da bei positivem m ein größeres m bedeutet, dass bei einer Zunahme um eins der y-Wert um m steigt.
(2) ist falsch, da bei negativem m ein kleineres m bedeutet, dass bei einer Zunahme um eins der y-Wert um m sinkt (Bedenke: $-1 > -5$).
(3) ist falsch, da parallele Geraden (also Geraden mit gleicher Steigung, aber unterschiedlichen y-Achsenabschnitten) keine Schnittpunkte besitzen.
(4) ist richtig, da durch $b \neq 0$ der Graph durch den I. und II. Quadranten oder durch den III. und IV. Quadranten verläuft. Da auch $m \neq 0$ ist, wird noch ein weiterer Quadrant Teile des Graphen enthalten.
(5) ist falsch, da die Steigungsdreiecke an parallelen Geraden die gleichen Steigungen liefern, auch wenn die zugehörigen Funktionen verschieden sind.

Klassenarbeit 2.1

Seite 51/52

1. a) Die Zuordnung ist keine Funktion, da eine englische Vokabel mehrere deutsche Übersetzungen haben kann. Man weiß gegebenenfalls nicht, welche Übersetzung gemeint ist.

b) Die Wertetabelle kann nicht zu einer Funktion gehören, da den x-Werten 2 und 3 mehr als ein y-Wert zugeordnet wird. Die Zuordnung ist nicht eindeutig. (je 2 Punkte)

2. a)

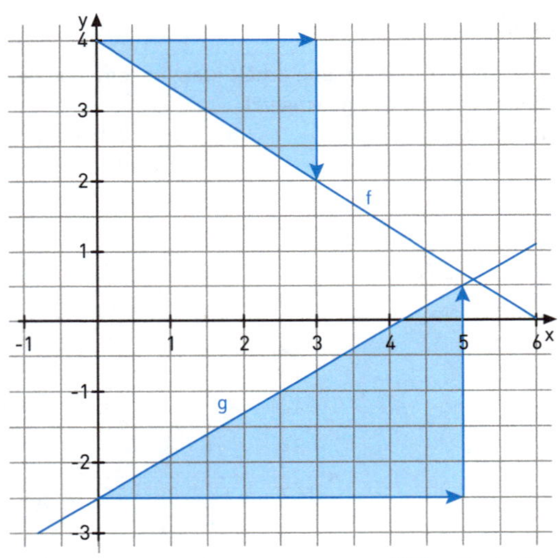

(2 Punkte je Graph)

b) Da $m = -\frac{2}{3}$, hat die Geradengleichung die Form $y = -\frac{2}{3}x + b$. Der y-Achsenabschnitt b wird bestimmt, indem man den Punkt Q(3 | 1) einsetzt und nach b auflöst.
Mit $1 = -\frac{2}{3} \cdot 3 + b$ erhält man $b = 3$.
Funktionsterm: $y = -\frac{2}{3}x + 3$ (3 Punkte)

3. a) $g: y = \frac{4}{3}x + 2$; $h: y = -\frac{3}{4} + 2$

b) $g: y = \frac{2}{3}x + 10$; $h: y = -15$ (2 Punkte je Gleichung)

4. a) Berechnung der Steigung: $m = \frac{7 - (-1)}{4 - 2} = 4$
Die Geradengleichung hat die Form $y = 4x + b$. Der y-Achsenabschnitt b wird bestimmt, indem man den Punkt A (oder B) einsetzt und nach b auflöst. Mit $-1 = 4 \cdot 2 + b$ erhält man $b = -9$.
Geradengleichung von g: $y = 4x - 9$
(je 1 Punkt für m, für b, für die Gleichung)

b) Die Gerade h hat die gleiche Steigung wie die Gerade g. Der y-Achsenabschnitt muss um 3 erhöht werden.
Geradengleichung von h: $y = 4x - 6$ (2 Punkte)

5. a) Die Koordinaten der beiden Punkte sind jeweils in die Gleichung einzusetzen (Punktprobe):

$-1003 = -\frac{3}{4} \cdot 1340 + 2$

$-1003 = -1003$

Die Aussage ist wahr, d. h. der Punkt A liegt auf dem Graphen der Funktion.

$-77 = -\frac{3}{4} \cdot (-100) + (2)$

$-77 = 77$

Die Aussage ist falsch, d. h. der Punkt B liegt nicht auf dem Graphen der Funktion. (2 Punkte je Punkt)

b) $y = -\frac{3}{4} \cdot 4 + 2 = -1 \Rightarrow D(4 \mid -1)$

Mit $-2 = -\frac{3}{4}x + 2$ erhält man $x = \frac{16}{3} \Rightarrow E\left(\frac{16}{3} \mid -2\right)$

(2 Punkte je Koordinate)

c) Da der y-Achsenabschnitt $b = 2$ ist, lautet der Schnittpunkt mit der y-Achse $(0 \mid 2)$. (1 Punkt)

Mit $0 = -\frac{3}{4}x + 2$ erhält man $x = \frac{8}{3}$. Der Schnittpunkt mit der x-Achse lautet $\left(\frac{8}{3} \mid 0\right)$. (2 Punkte)

6. Um den Umfang zu bestimmen, müssen zwei weitere Seitenlängen ermittelt werden. Dann ergibt sich:

$u = a + 3b + 4c + a + c - 2b + b + 3c$
$= 2a + 2b + 8c = 2a + 2b + 8 \cdot (b + 1) = 2a + 10b + 8$

(4 Punkte)

Zum Nacharbeiten						
Aufgabe	1	2	3	4	5	6
Schulbuch, Seite	81–83	107	99, 105–107	99, 106–107, 118–119	85, 112–114	26–29, 35–36, 40–41

Klassenarbeit 2.2

Seite 53/54

1.

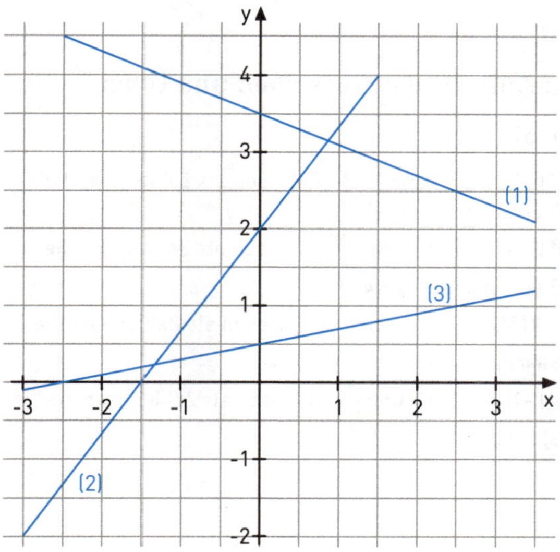

(2 Punkte je Gerade)

(1) $y = -\frac{2}{5}x + 3{,}5$ (2) $y = \frac{4}{3}x + 2$ (3) $y = \frac{1}{5}x + 0{,}5$

(2 Punkte je Gleichung)

2. a) Da der y-Achsenabschnitt $b = \frac{4}{5}$ ist, lautet der Schnittpunkt mit der y-Achse $\left(0 \mid \frac{4}{5}\right)$. (1 Punkt)

Mit $0 = -\frac{2}{3}x + \frac{4}{5}$ erhält man $x = \frac{6}{5}$. Der Schnittpunkt mit der x-Achse lautet $\left(\frac{6}{5} \mid 0\right)$. (2 Punkte)

b) Die Steigung wird von der Geraden g übernommen. Die gesuchte Gerade hat die Form $y = -\frac{2}{3}x + b$. An der Stelle $x = -3$ gilt $y = 0$. Mit $0 = -\frac{2}{3} \cdot (-3) + b$ erhält man $b = -2$.

Geradengleichung von h: $y = -\frac{2}{3}x - 2$

(je 1 Punkt für m, für b, für die Gleichung)

3. Aufstellen der Gleichung der Geraden durch die Punkte A und B: Die Steigung ist $m = \frac{3 - 2}{0 - (-2)} = \frac{1}{2}$. Die Gerade hat die Form $y = \frac{1}{2} \cdot x + b$. Der y-Achsenabschnitt b wird bestimmt, indem man die Koordinaten des Punktes A (oder B) einsetzt und nach b auflöst.

Mit $2 = \frac{1}{2} \cdot (-2) + b$ erhält man $b = 3$.

Die Gerade hat die Gleichung $y = \frac{1}{2}x + 3$. (3 Punkte)

(Da der Punkt B die x-Koordinate 0 hat, ist seine y-Koordinate gleichzeitig der y-Achsenabschnitt b. Bei genauem Hinsehen wäre deshalb die Berechnung von b nicht erforderlich gewesen.)

$C(2 \mid 5)$ liegt nicht auf der Geraden, da seine Koordinaten die Gleichung $y = \frac{1}{2}x + 2$ nicht erfüllen, d. h. die Aussage $5 = \frac{1}{2} \cdot 2 + 3$ ist falsch. Die Punkte A, B und C liegen nicht auf einer Geraden. (1 Punkt)

4. a)

x: angehängte Masse in g	100	200	300	400	500
y: Länge l in cm	9,6	13	16,4	19,8	23,2

(je 1 Punkt)

b)

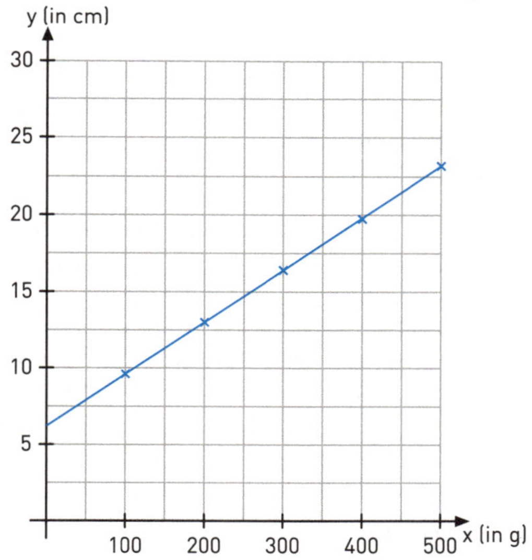

(2 Punkte)

c) Berechnung der Steigung: $m = \frac{16{,}4 - 9{,}6}{300 - 100} = 0{,}034$

Der Funktionsterm hat die Form $l(x) = 0{,}034x + b$.

Der y-Achsenabschnitt b wird bestimmt, indem man einen Messpunkt, z. B. $(100 \mid 9{,}6)$ einsetzt und nach b auflöst.

Mit $9{,}6 = 0{,}034 \cdot 100 + b$ erhält man $b = 6{,}2$.

Funktionsterm: $l(x) = 0{,}034x + 6{,}2$.

(je 1 Punkt für m, für b, für die Gleichung)

d) Der y-Achsenabschnitt gibt die Länge der Feder ohne angehängtes Gewicht an. (1 Punkt)

e) $l(650) = 0{,}034 \cdot 650 + 6{,}2 = 28{,}3$
Die Länge der Feder beträgt 28,3 cm. (2 Punkte)

5. a) Wahrscheinlichkeit für 3 Punkte: 0,12
Wahrscheinlichkeit für 4 Punkte: 0,24 (je 1 Punkt)

b) (1) P(gerade Zahl) = 0,26 + 0,24 = 0,5
(2) P(Primzahl) = 0,26 + 0,12 + 0,12 = 0,5
(3) P(mindestens 3) = 0,12 + 0,24 + 0,12 = 0,48
(4) P(höchstens 2) = 1 − P(mindestens 3) = 1 − 0,48 = 0,52
(je 1 Punkt)

Zum Nacharbeiten					
Aufgabe	1	2	3	4	5
Schulbuch, Seite	99, 106–107	106–107, 118–119	85, 118–119	85, 99, 106–107	Kl. 7, 180–182, 186–187

Klassenarbeit 2.3

Seite 55/56

1.

x	1	2	3	4	11	50	−9
y	1	4	7	10	31	148	−29

(je 1 Punkt)

Wird der erste Wert um 1 erhöht, so erhöht sich der zweite Wert immer um 3, d. h. die Funktion hat die Steigung $m = 3$. Die Funktionsgleichung hat die Form $y = 3x + b$. Der y-Achsenabschnitt b wird bestimmt, indem man ein Wertepaar, z. B. (1 | 1) einsetzt und nach b auflöst.
Mit $1 = 3 \cdot 1 + b$ erhält man $b = -2$.
Funktionsgleichung: $y = 3x - 2$. (3 Punkte)

2. a) $g(x) = -3x + 2$; $h(x) = -0{,}5x - 2{,}5$ (je 2 Punkte)

b) $g(1{,}8) = -3 \cdot 1{,}8 + 2 = -3{,}4$
$h(1{,}8) = -0{,}5 \cdot 1{,}8 - 2{,}5 = -3{,}4$ (je 1 Punkt)

c) S(1,8 | −3,4) (1 Punkt)

d) Für den Flächeninhalt eines Dreiecks gilt die Formel $A = \frac{g \cdot h_g}{2}$. Mit $g = 2 - (-2{,}5) = 4{,}5$ (Differenz der y-Achsenabschnitte) und $h = 1{,}8$ erhält man $A = \frac{4{,}5 \cdot 1{,}8}{2} = 4{,}05$ [FE]. (3 Punkte)

3. a) Da $0{,}4 = \frac{2}{5}$, haben beide Geraden die gleiche Steigung. Sie haben unterschiedliche y-Achsenabschnitte. Die Geraden verlaufen parallel.
(je 1 Punkt für die Angabe der Lage und die Begründung)

b) Die zweite Gleichung muss zunächst nach y aufgelöst werden: $y = \frac{2}{3}x + 3$. Nun erkennt man, dass die Geraden unterschiedliche Steigungen haben, d. h. sie schneiden sich.
(je 1 Punkt für die Angabe der Lage und die Begründung)

4. a) $0{,}6 \cdot 750 = 450$
Das Füllvolumen des Tanks beträgt 450 Liter.
$90 : 15 = 6$
Der Rasensprenger versprüht pro Minute 6 Liter Wasser.
(je 1 Punkt)

b)

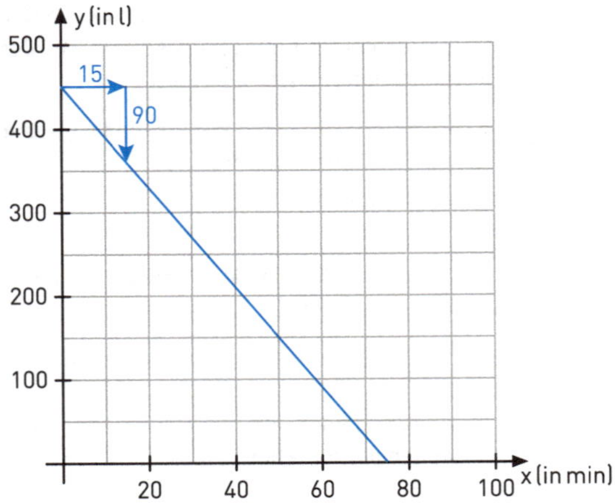

(2 Punkte)

c) Der Rasensprenger versprüht pro Minute 6 Liter Wasser, d. h. $m = -6$. Da der Wassertank zu Beginn mit 450 Litern gefüllt ist, ist $b = 450$.
Funktionsgleichung: $y = -6x + 450$ (2 Punkte)

d) Gesucht ist die Nullstelle der Funktion. Mit $0 = -6x + 450$ erhält man $x = 75$. Nach 75 Minuten ist der Wassertank leer. (2 Punkte)

5. $13\,400\,€ \cdot 0{,}9 \cdot 0{,}9 \cdot 0{,}9 \cdot 0{,}9 \cdot 0{,}9 = 13\,400\,€ \cdot 0{,}9^5 \approx 7\,912{,}57\,€$
$\frac{7\,912{,}57\,€}{13\,400\,€} \approx 0{,}59$
$1 - 0{,}59 = 0{,}41 = 41\,\%$
Der Restwert des Autos beträgt 7 912,57 €.
Es hat 41 % seines Werts verloren.
(je 2 Punkte für den Restwert und den Wertverlust)

Zum Nacharbeiten					
Aufgabe	1	2	3	4	5
Schulbuch, Seite	106–107	85, 99, 106–107	107	99, 106–107, 112–113	Kl. 7 86–87

3. Lineare Gleichungssysteme

Zum Aufwärmen: Verstehen und Üben

Seite 57

1. (1 | −1), (−2 | 5) und (4,1 | −7,2) lösen als Zahlenpaar die Gleichung $2x + y = 1$.
(1 | −1), (−2 | −10) und $\left(\frac{1}{2} \middle| -\frac{5}{2}\right)$ lösen als Zahlenpaar die Gleichung $3x - y = 4$.
(−2 | 5), (−2 | −10) und $\left(-2 \middle| \frac{11}{19}\right)$ lösen als Zahlenpaar die Gleichung $x - y = -2 - y$.
(1 | −1), (−2 | −10) und $\left(\frac{1}{2} \middle| -\frac{5}{2}\right)$ lösen als Zahlenpaar die Gleichung $2y = 6x - 8$.

Darstellung linearer Gleichungen als Graphen linearer Funktionen

Seite 58

2. **a)** (1): $-2x + y = 4 \Leftrightarrow y = 2x + 4$
(2): $x - 2y = 6 \Leftrightarrow -2y = -x + 6 \Leftrightarrow y = \frac{1}{2}x - 3$

b)

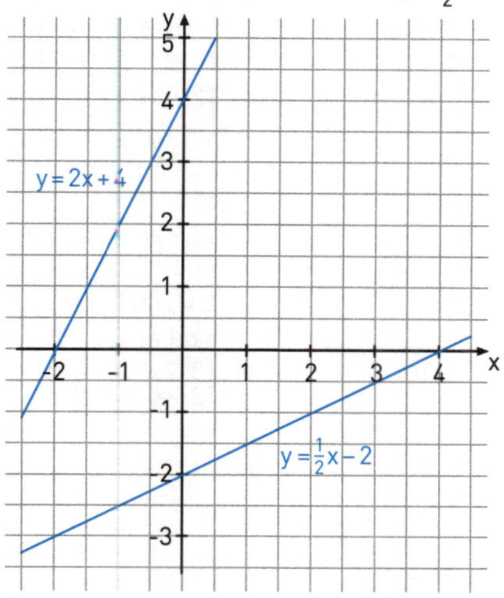

c) für $-2x + y = 4$ z. B.: $(-2\,|\,0)$; $(0\,|\,4)$; $(0{,}5\,|\,6)$
für $x - 2y = 4$ z. B.: $(4\,|\,0)$; $(-2\,|\,-3)$; $(3\,|\,-0{,}5)$

3. Setze jeweils die gegebene Koordinate in die Geradengleichung ein und löse dann nach der fehlenden Koordinate auf.

Punkt A: $y = \frac{1}{4} \cdot 4 - 2{,}5 = -1{,}5$; $A(4\,|\,-1{,}5)$

Punkt B: $-3 = \frac{1}{4}x - 2{,}5$; $x = -2$; $B(-2\,|\,-3)$

Punkt C: $-0{,}5 = \frac{1}{4}x - 2{,}5$; $x = 8$; $C(8\,|\,-0{,}5)$

Punkt D: $y = \frac{1}{4} \cdot 10 - 2{,}5 = -1{,}5$; $D(10\,|\,0)$

Seite 59

4. **a)** Die Gleichung $x = 4$ beschreibt keine lineare Funktion, da hier jedem x-Wert unendlich viele y-Werte zugeordnet werden.

b) Die Gleichung $x = -2$ beschreibt keine lineare Funktion, da hier jedem x-Wert unendlich viele y-Werte zugeordnet werden.

c) Die Gleichung $y = 7$ beschreibt eine lineare Funktion, die parallel zur x-Achse verläuft.

d) Die Gleichung $y = 4x + 1$ beschreibt eine lineare Funktion.

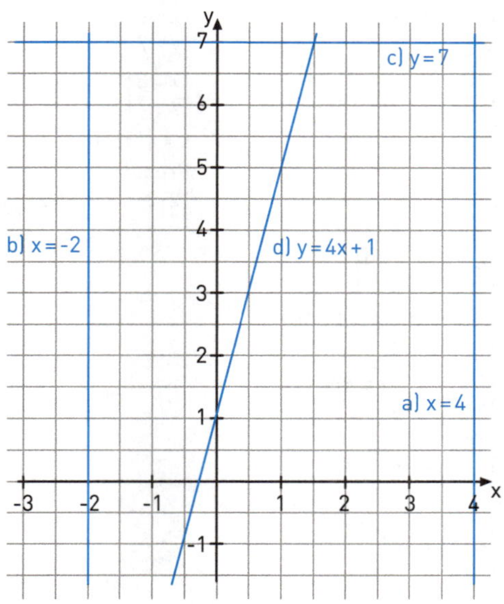

5. **a)**

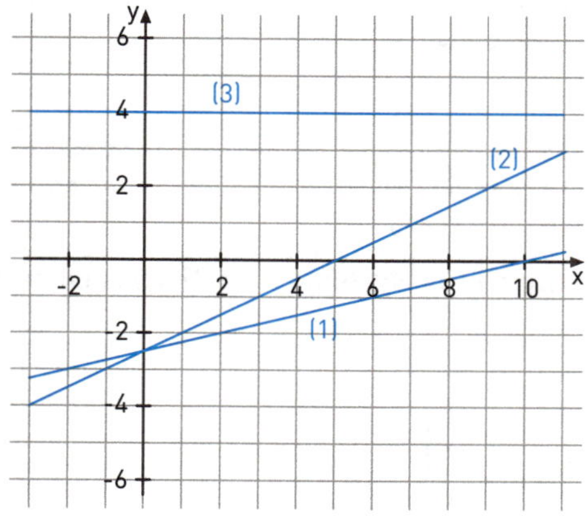

b) Durch Ablesen am Graphen erhält man:

	Schnittpunkt mit der x-Achse	Schnittpunkt mit der y-Achse
$-0{,}5x + 2y = -5$	$P(10\,|\,0)$	$P(0\,|\,-2{,}5)$
$5x - 10y = 25$	$P(5\,|\,0)$	$P(0\,|\,-2{,}5)$
$1{,}9y = 7{,}6$	es gibt keinen	$P(0\,|\,4)$

Seite 60

6. **a)** Maya hat die Schnittpunkte des Graphen der linearen Gleichung berechnet, indem sie zunächst für die y-Koordinate den Wert „0" eingesetzt hat. Dann hat sie nach x aufgelöst. So erhielt sie die Zahlenpaare für den Schnittpunkt mit der x-Achse.
Um den Schnittpunkt des Graphen mit der y-Achse zu berechnen, hat sie die x-Koordinaten „0" gesetzt und hat dann nach y aufgelöst.
Niklas hat den Graphen der linearen Gleichung gezeichnet und die Punkte im Koordinatensystem abgelesen. Zur Probe hat er anschließend die beiden Zahlenpaare in die Gleichung eingesetzt.

b)

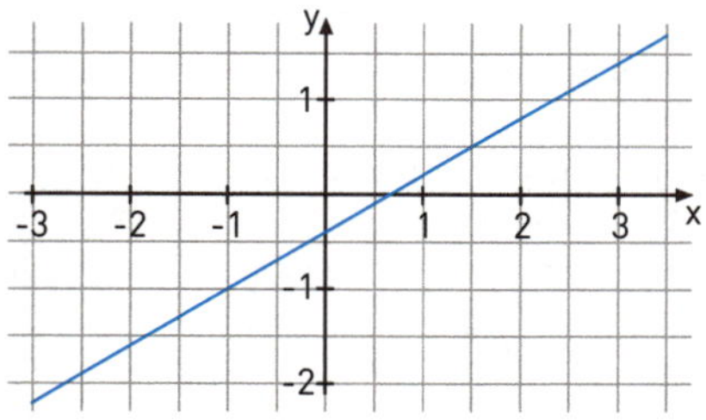

Ablesen ergibt: Schnittpunkt mit der y-Achse: $(0\,|\,-0{,}4)$
Schnittpunkt mit der x-Achse: $(0{,}6\,|\,0)$
Rechnerische Lösung:

$x = 0$	$y = 0$
$-3{,}5y = 1{,}4$	$2{,}1x = 1{,}4$
$y = -0{,}4$	$x = \frac{2}{3}$
$P_y(0\,|\,-0{,}4)$	$P_x\left(\frac{2}{3}\,\middle|\,0\right)$

Man sieht: Das grafische Lösen kann ungenau sein. Erst die rechnerische Lösung liefert das exakte Ergebnis.

Seite 61

7. **a)** Mögliche Kombinationen:

Rosen	0	2	4	6	8	10	12	14	16
Nelken	25	22	19	16	13	10	7	4	1

b) Mit der Anzahl der Rosen x und der Anzahl der Nelken y gilt: $1{,}20\,€ \cdot x + 0{,}80\,€ \cdot y = 20\,€$

c) Mit dem Ansatz würde $x = 2y$ gelten, woraus folgen würde: $1{,}20\,€ \cdot 2y + 0{,}80\,€ \cdot y = 20\,€$

$$3{,}20\,€ \cdot y = 20\,€$$
$$y = 6{,}25$$

Da es keine Viertelnelken und auch keine halben Rosen zu kaufen gibt, ist die gewünschte Zusammenstellung praktisch unmöglich.

Lineare Gleichungssysteme – Grafisches Lösungsverfahren

8. a) $L = \{(3 \mid -0{,}5)\}$

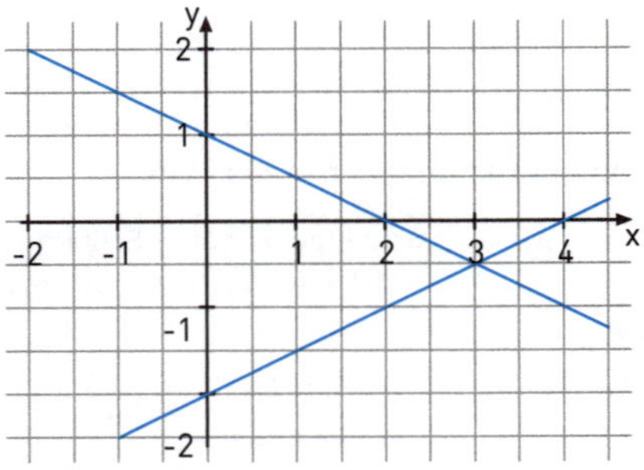

b) $L = \{(2 \mid -4)\}$

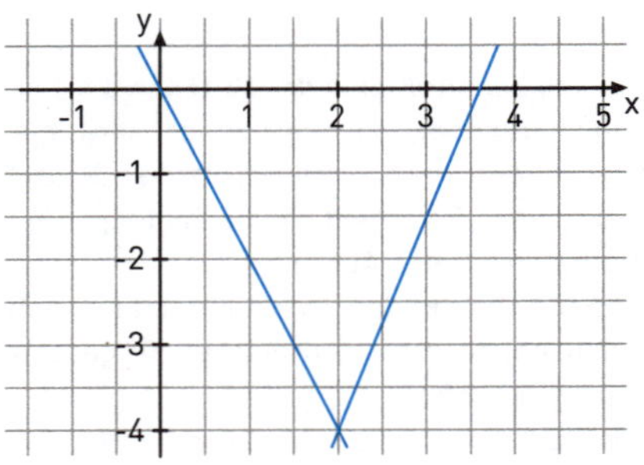

Seite 62

9. 1. Fall: Die Steigung beider Geraden ist verschieden, sie schneiden sich in einem Punkt. Das Gleichungssystem hat genau eine Lösung. Die Lösungsmenge besteht aus einem einzigen Zahlenpaar. $L = \{(-1 \mid 0)\}$
2. Fall: Die Steigung beider Geraden ist gleich, die y-Achsenabschnitte sind verschieden. Die Geraden schneiden sich nicht, sondern liegen parallel zueinander. Das Gleichungssystem hat keine Lösung. Die Lösungsmenge ist leer. $L = \{\ \}$
3. Fall: Die Steigung beider Geraden ist gleich, die y-Achsenabschnitte sind gleich. Die Geraden fallen zusammen. Das Gleichungssystem hat unendlich viele Lösungen. Die Lösungsmenge besteht aus unendlich vielen Zahlenpaaren, die diese Gleichungen erfüllen. $L = \{(x \mid y) \mid y = 2x - 1{,}5)\}$

10. a) Hier sind alle Lösungen richtig, deren Geradengleichungen eine andere Steigung als 1,5 haben; z. B.: $y = -3x + 1$.

b) Hier sind alle Lösungen richtig, deren Geradengleichungen die gleiche Steigung 1,5, aber einen anderen y-Achsenabschnitt haben; z. B.: $y = 1{,}5x - 3$.

Lineare Gleichungssysteme – Rechnerische Lösungsverfahren

Seite 63

11. a)
$$\left|\begin{array}{l} y = 2x - 1 \\ y = -x + 5 \end{array}\right| \quad \left|\begin{array}{l} 2x - 1 = -x + 5 \\ y = -x + 5 \end{array}\right| \quad \left|\begin{array}{l} 3x = 6 \\ y = -x + 5 \end{array}\right| \quad \left|\begin{array}{l} x = 2 \\ y = -x + 5 \end{array}\right| \quad \left|\begin{array}{l} x = 2 \\ y = 3 \end{array}\right|$$
$L = \{(2 \mid 3)\}$
Probe:
$$\left|\begin{array}{l} 3 = 2 \cdot 2 - 1 \\ 3 = -2 + 5 \end{array}\right|$$

b)
$$\left|\begin{array}{l} 3x - 4y = 2 \\ x - 4y = -2 \end{array}\right| \quad \left|\begin{array}{l} -4y = 2 - 3x \\ -4y = -2 - x \end{array}\right| \quad \left|\begin{array}{l} 2 - 3x = 2 - x \\ -4y = -2 - x \end{array}\right| \quad \left|\begin{array}{l} x = 2 \\ -4y = -4 \end{array}\right| \quad \left|\begin{array}{l} x = 2 \\ y = 1 \end{array}\right|$$
$L = \{(2 \mid 1)\}$
Probe:
$$\left|\begin{array}{l} 3 \cdot 2 - 4 \cdot 1 = 2 \\ 2 - 4 \cdot 1 = -2 \end{array}\right|$$

c)
$$\left|\begin{array}{l} 2a - 5b = 1 \\ 7b - 1 = 2a \end{array}\right| \quad \left|\begin{array}{l} 2a = 1 + 5b \\ 2a = 7b - 1 \end{array}\right| \quad \left|\begin{array}{l} 1 + 5b = 7b - 1 \\ 2a = 7b - 1 \end{array}\right| \quad \left|\begin{array}{l} 2 = 2b \\ 2a = 7b - 1 \end{array}\right| \quad \left|\begin{array}{l} b = 1 \\ a = 3 \end{array}\right|$$
$L = \{(3 \mid 1)\}$
Probe: $\left|\begin{array}{l} 2 \cdot 3 - 5 \cdot 1 = 1 \\ 7 \cdot 1 - 1 = 2 \cdot 3 \end{array}\right|$

Seite 64

12. a)
$$\left|\begin{array}{l} x - 2y = 8 \\ 1{,}5x - 10y = 5 \end{array}\right| \quad \left|\begin{array}{l} x = 8 + 2y \\ 1{,}5x - 10y = 5 \end{array}\right| \quad \left|\begin{array}{l} x = 8 + 2y \\ 1{,}5 \cdot (8 + 2y) - 10y = 5 \end{array}\right| \quad \left|\begin{array}{l} x = 8 + 2y \\ 12 + 3y - 10y = 5 \end{array}\right| \quad \left|\begin{array}{l} x = 8 + 2y \\ -7y = -7 \end{array}\right| \quad \left|\begin{array}{l} x = 10 \\ y = 1 \end{array}\right|$$
$L = \{(10 \mid 1)\}$
Probe:
$$\left|\begin{array}{l} 10 - 2 \cdot 1 = 8 \\ 1{,}5 \cdot 10 - 10 \cdot 1 = 5 \end{array}\right|$$

b)
$$\left|\begin{array}{l} 2x - 4y = -2 \\ 7x - 5y = 11 \end{array}\right| \quad \left|\begin{array}{l} x - 2y = -1 \\ 7x - 5y = 11 \end{array}\right| \quad \left|\begin{array}{l} x = -1 + 2y \\ 7x - 5y = 11 \end{array}\right| \quad \left|\begin{array}{l} x = -1 + 2y \\ 7 \cdot (-1 + 2y) - 5y = 11 \end{array}\right| \quad \left|\begin{array}{l} x = -1 + 2y \\ -7 + 14y - 5y = 11 \end{array}\right| \quad \left|\begin{array}{l} x = -1 + 2y \\ 9y = 18 \end{array}\right| \quad \left|\begin{array}{l} x = -1 + 2y \\ y = 2 \end{array}\right| \quad \left|\begin{array}{l} x = 3 \\ y = 2 \end{array}\right|$$
$L = \{(3 \mid 2)\}$
Probe:
$$\left|\begin{array}{l} 2 \cdot 3 - 4 \cdot 2 = -2 \\ 7 \cdot 3 - 5 \cdot 2 = 11 \end{array}\right|$$

c)
$$\left|\begin{array}{l} 4c - 2d = 10 \\ c = 2 + 3d \end{array}\right| \quad \left|\begin{array}{l} 4 \cdot (2 + 3d) - 2d = 10 \\ c = 2 + 3d \end{array}\right| \quad \left|\begin{array}{l} 8 + 12d - 2d = 10 \\ c = 2 + 3d \end{array}\right| \quad \left|\begin{array}{l} 10d = 2 \\ c = 2 + 3d \end{array}\right| \quad \left|\begin{array}{l} d = \frac{1}{5} \\ c = 2 + 3d \end{array}\right|$$

$\begin{vmatrix} d = \frac{1}{5} \\ c = 2 + 3 \cdot \frac{1}{5} \end{vmatrix}$

$\begin{vmatrix} d = \frac{1}{5} \\ c = \frac{13}{5} \end{vmatrix}$

$L = \left\{\left(\frac{1}{5} \middle| \frac{13}{5}\right)\right\}$

Probe: $\begin{vmatrix} 4 \cdot \frac{13}{5} - 2 \cdot \frac{1}{5} = 10 \\ \frac{13}{5} = 2 + 3 \cdot \frac{1}{5} \end{vmatrix}$

Seite 65

13. Der Innenwinkelsatz besagt, dass $\alpha + \beta + \gamma = 180°$.
Da das Dreieck gleichschenklig ist, gilt $\alpha = \beta$. Laut Aufgabenstellung gilt zudem $\gamma = 4\alpha$. Diese Beziehungen setzt man in den Winkelsummensatz ein:
$\alpha + \alpha + 4\alpha = 180°$
$6\alpha = 180°$.
Damit folgt $\alpha = 30°$ und $\gamma = 120°$.

14. a) $\begin{vmatrix} 3x + 3y = 21 \\ 1{,}5x - 1{,}5y = 4{,}5 \end{vmatrix} \; | \cdot (-2)$

$\begin{vmatrix} 3x + 3y = 21 \\ -3x + 3y = -9 \end{vmatrix}$

$\begin{vmatrix} 6y = 12 \\ -3x + 3y = -9 \end{vmatrix}$

$\begin{vmatrix} y = 2 \\ -3x + 3y = -9 \end{vmatrix}$

$\begin{vmatrix} y = 2 \\ -3x + 3 \cdot 2 = -9 \end{vmatrix}$

$\begin{vmatrix} y = 2 \\ x = 5 \end{vmatrix}$

$L = \{(5 | 2)\}$

Probe:

$\begin{vmatrix} 3 \cdot 5 + 3 \cdot 2 = 21 \\ 1{,}5 \cdot 5 - 1{,}5 \cdot 2 = 4{,}5 \end{vmatrix}$

b) $\begin{vmatrix} -7x - y = -10 \\ 6x + 2y = 12 \end{vmatrix} \; | \cdot 2$

$\begin{vmatrix} -14x - 2y = -20 \\ 6x + 2y = 12 \end{vmatrix}$

$\begin{vmatrix} -8x = -8 \\ 6x + 2y = 12 \end{vmatrix}$

$\begin{vmatrix} x = 1 \\ 6 \cdot 1 + 2y = 12 \end{vmatrix}$

$\begin{vmatrix} x = 1 \\ 2y = 6 \end{vmatrix}$

$\begin{vmatrix} x = 1 \\ y = 3 \end{vmatrix}$

$L = \{(1 | 3)\}$

Probe:

$\begin{vmatrix} -7 \cdot 1 - 3 = -10 \\ 6 \cdot 1 + 2 \cdot 3 = 12 \end{vmatrix}$

c) $\begin{vmatrix} 24a + 7b = 27 \\ -8a + 33b = -115 \end{vmatrix} \; | \cdot 3$

$\begin{vmatrix} 24a + 7b = 27 \\ -24a + 99b = -345 \end{vmatrix}$

$\begin{vmatrix} 24a + 7b = 27 \\ 106b = -318 \end{vmatrix}$

$\begin{vmatrix} 24a + 7b = 27 \\ b = -3 \end{vmatrix}$

$\begin{vmatrix} 24a + 7 \cdot (-3) = 27 \\ y = -3 \end{vmatrix}$

$\begin{vmatrix} x = 2 \\ y = -3 \end{vmatrix}$

$L = \{(2 | -3)\}$

Probe: $\begin{vmatrix} 24 \cdot 2 + 7 \cdot (-3) = 27 \\ -8 \cdot 2 + 33 \cdot (-3) = -115 \end{vmatrix}$

Seite 66

15. a) (1)

$\begin{vmatrix} 2x = 2 - 4y \\ -5x + 5 = 10y \end{vmatrix} \; | \cdot 2{,}5$

$\begin{vmatrix} 5x = 5 - 10y \\ -5x + 5 = 10y \end{vmatrix}$

$\begin{vmatrix} 5x + 10y = 5 \\ 0 = 0 \end{vmatrix}$ wahre Aussage

$L = \{(x | y) \,|\, 2x = 2 - 4y\}$

(2)

$\begin{vmatrix} x - 1{,}5y = 1 \\ -6x + 9y = 6 \end{vmatrix} \; | \cdot 6$

$\begin{vmatrix} 6x - 9y = 6 \\ -6x + 9y = 6 \end{vmatrix}$

$\begin{vmatrix} 6x - 9y = 6 \\ 0 = 12 \end{vmatrix}$ falsche Aussage

$L = \{\,\}$

b) Zusammenhang:
(1) Man kann die beiden Gleichungen des linearen Gleichungssystems in Geradengleichungen umformen und diese zeichnen. Im ersten Fall ergeben sich zwei zusammenfallende Geraden, die – nach Zeichnung – unendlich viele gemeinsame Punkte haben. Löst man dieses Gleichungssystem rechnerisch, führt dies zu einer Gleichung mit einer wahren Aussage, z. B. $2 = 2$ oder $0 = 0$.
(2) Im zweiten Fall ergeben sich zwei zueinander parallel verlaufende Geraden, die – nach Zeichnung – keine gemeinsamen Punkte haben. Löst man dieses Gleichungssystem rechnerisch, führt dies zu einer Gleichung mit einer falschen Aussage, z. B. $0 = 2$ oder $-8 = 5$.

16. 1. Lege zunächst die Variablen fest:
x: Anzahl der Würstchen
y: Anzahl der Pommes – Portionen
2. Stelle die zugehörigen Gleichungen auf:

$\begin{vmatrix} 6x + 5y = 30 \\ 2x + 10y = 30 \end{vmatrix}$

3. Löse das lineare Gleichungssystem:

$\begin{vmatrix} 6x + 5y = 30 \\ 2x + 10y = 30 \end{vmatrix} \; | \cdot (-3)$

$\begin{vmatrix} 6x + 5y = 30 \\ -6x - 30y = -90 \end{vmatrix}$

$\begin{vmatrix} -25y = -60 \\ 6x + 5y = 30 \end{vmatrix}$

$\begin{vmatrix} y = 2{,}4 \\ 6x + 5 \cdot 2{,}4 = 30 \end{vmatrix}$

$\begin{vmatrix} y = 2{,}4 \\ x = 3 \end{vmatrix}$

4. Interpretiere dein Ergebnis im Sachzusammenhang.
Eine Portion Pommes kostet demnach 2,40 €, ein Würstchen kostet 3 €.

Seite 67

17. Im Folgenden werden zu den einzelnen Teilaufgaben immer beispielhafte Verfahren gezeigt. Es sind aber auch andere Ansätze denkbar.

a) Einsetzungsverfahren

$\begin{vmatrix} y = 2 + x \\ 2x - 2y = 5 \end{vmatrix}$

$\begin{vmatrix} y = 2 + x \\ 2x - 2 \cdot (2 + x) = 5 \end{vmatrix}$

$\begin{vmatrix} y = 2 + x \\ 2x - 4 - 2x = 5 \end{vmatrix}$

$\begin{vmatrix} y = 2 + x \\ -4 = 5 \end{vmatrix}$

falsche Aussage

$L = \{\,\}$

b) Einsetzungsverfahren

$\begin{vmatrix} y = 5 - 4x \\ 3y + 12x = 15 \end{vmatrix}$

$\begin{vmatrix} y = 5 - 4x \\ 3 \cdot (5 - 4x) + 12x = 15 \end{vmatrix}$

$\begin{vmatrix} y = 5 - 4x \\ 15 - 12x + 12x = 15 \end{vmatrix}$

$\begin{vmatrix} y = 5 - 4x \\ 15 = 15 \end{vmatrix}$

wahre Aussage

$L = \{(x | y) \,|\, y = 5 - 4x\}$

c) Gleichsetzungsverfahren

$\left|\begin{array}{l} y = 2x - 1 \\ y = -0{,}5x + 9 \end{array}\right|$

$\left|\begin{array}{l} y = 2x - 1 \\ 2x - 1 = -0{,}5x + 9 \end{array}\right|$

$\left|\begin{array}{l} y = 2x - 1 \\ 2{,}5x = 10 \end{array}\right|$

$\left|\begin{array}{l} y = 2x - 1 \\ x = 4 \end{array}\right|$

$\left|\begin{array}{l} y = 7 \\ x = 4 \end{array}\right|$

$L = \{(4 \mid 7)\}$

d) Additionsverfahren

$\left|\begin{array}{l} x - 2y = 5 \\ 3x - y = 0 \end{array}\right| \quad | \cdot (-3)$

$\left|\begin{array}{l} -3x + 6y = -15 \\ 3x - y = 0 \end{array}\right|$

$\left|\begin{array}{l} 5y = -15 \\ 3x - y = 0 \end{array}\right|$

$\left|\begin{array}{l} y = -3 \\ 3x - y = 0 \end{array}\right|$

$\left|\begin{array}{l} y = -3 \\ x = -1 \end{array}\right|$

$L = \{(-1 \mid -3)\}$

18. 1. Festlegung der Variablen:
x: Anzahl der kWh (Stromverbrauch)
y: Gesamtkosten pro Jahr
2. Aufstellen der zugehörigen Gleichungen:

$\left|\begin{array}{l} 300 + 0{,}22x = y \\ 96 + 0{,}28x = y \end{array}\right|$

3. Löse des Gleichungssystem:

$\left|\begin{array}{l} 300 + 0{,}22x = y \\ 96 + 0{,}28x = y \end{array}\right|$

$\left|\begin{array}{l} 300 + 0{,}22x = 96 + 0{,}28x \\ 96 + 0{,}28x = y \end{array}\right|$

$\left|\begin{array}{l} 204 = 0{,}06x \\ 96 + 0{,}28x = y \end{array}\right|$

$\left|\begin{array}{l} 3400 = x \\ 96 + 0{,}28x = y \end{array}\right|$

$\left|\begin{array}{l} 3400 = x \\ 1048 = y \end{array}\right|$

4. Ergebnis im Sachzusammenhang.
Bei einem Verbrauch von 3400 kWh betragen die Gesamtkosten pro Jahr bei beiden Anbietern gleich viel, sie liegen bei 1048 €.
Familie Offergeld hat bei dem Anbieter „Sparstrom" im vorigen Jahr für 3300 kWh 96 € + 0,28 € · 3300 = 1020 € bezahlt. Beim Anbieter „Volle Energie" hätte sie 1026 € bezahlt. Der Anbieterwechsel lohnt sich erst, wenn sie im kommenden Jahr mehr als 3400 kWh verbrauchen.

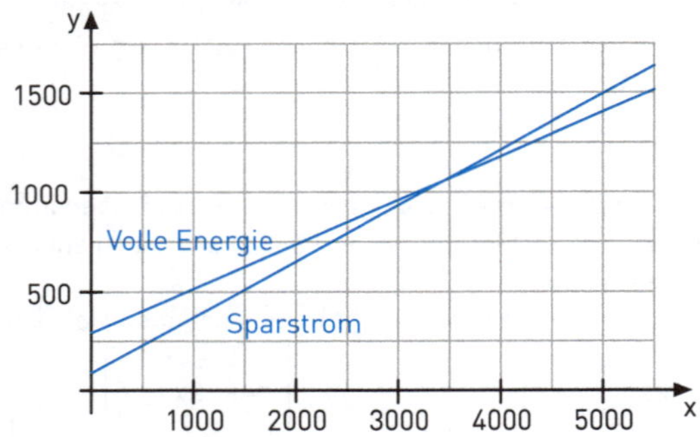

Seite 68

19. 1. Festlegung der Variablen:
c: Anzahl an Körben, die Christian geworfen hat
m: Anzahl an Körben, die Max geworfen hat
2. Aufstellen der zugehörigen Gleichungen:

$\left|\begin{array}{l} c + m = 77 \\ m = 1\frac{3}{4}c \end{array}\right|$

3. Löse das lineare Gleichungssystem:

$\left|\begin{array}{l} c + m = 77 \\ m = 1\frac{3}{4}c \end{array}\right|$

$\left|\begin{array}{l} c + 1\frac{3}{4}c = 77 \\ m = 1\frac{3}{4}c \end{array}\right|$

$\left|\begin{array}{l} 2\frac{3}{4}c = 77 \\ m = 1\frac{3}{4}c \end{array}\right|$

$\left|\begin{array}{l} c = 28 \\ m = 1\frac{3}{4}c \end{array}\right|$

$\left|\begin{array}{l} c = 28 \\ m = 49 \end{array}\right|$

4. Ergebnis im Sachzusammenhang
Somit kann man davon ausgehen, dass Christian 28 und Max 49 Körbe geworfen hat.

20. a)

$\left|\begin{array}{l} 2x + y = 1 \\ 4x + 2y = 2 \end{array}\right|$

$\left|\begin{array}{l} y = 1 - 2x \\ 2y = 2 - 4x \end{array}\right|$

$\left|\begin{array}{l} y = 1 - 2x \\ 2(1 - 2x) = 2 - 4x \end{array}\right|$

$\left|\begin{array}{l} y = 1 - 2x \\ 2 - 4x = 2 - 4x \end{array}\right|$

$L = \{(x \mid y) \mid y = -2x + 1\}$

b)

$\left|\begin{array}{l} 3x + 3y = 6 \\ 4x - 12y = 16 \end{array}\right|$

$\left|\begin{array}{l} 12x + 12y = 24 \\ -12x + 36y = -48 \end{array}\right|$

$\left|\begin{array}{l} 12x + 12y = 24 \\ 48y = -24 \end{array}\right|$

$\left|\begin{array}{l} x = 2{,}5 \\ y = -0{,}5 \end{array}\right|$

$L = \{(2{,}5 \mid -0{,}5)\}$

Klassenarbeit 3.1

Seite 69/70

1. $P(1 \mid 1)$; $Q(-1{,}5 \mid 0)$; $R(-6{,}5 \mid -2)$; $S\left(-1 \,\middle|\, \frac{1}{5}\right)$; $T\left(0 \,\middle|\, \frac{3}{5}\right)$ (je 1 Punkt)

2.

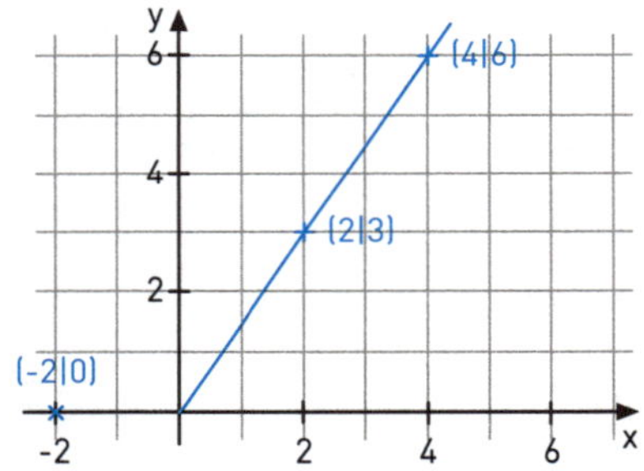

Die Behauptung ist richtig.
Zeichnet man alle 3 Punkte in ein Koordinatensystem, so erkennt man, dass diese nicht alle auf einer Geraden liegen und somit nicht alle Lösungen einer einzigen linearen Gleichung sind. (1 Punkt für richtig, 1 Punkt für Gerade, 2 Punkte für Begründung)

3. a) $0 \cdot x + 1 \cdot y = -1$; Kurzform: $y = -1$; die Gleichung beschreibt eine lineare Funktion.

b) $1 \cdot x + 0 \cdot y = 0{,}5$; Kurzform: $x = 0{,}5$; die Gleichung beschreibt keine lineare Funktion, da hier jedem x-Wert unendlich viele y-Werte zugeordnet werden.

c) $-3x + 2y = -1$; Kurzform: $y = 1{,}5x - 0{,}5$; die Gleichung beschreibt eine lineare Funktion.

(je 1 Punkt für Gleichung und 1 für Begründung)

4. a) Geraden (1): $y = 2x - 3$; Gerade (2): $y = -3x + 1$

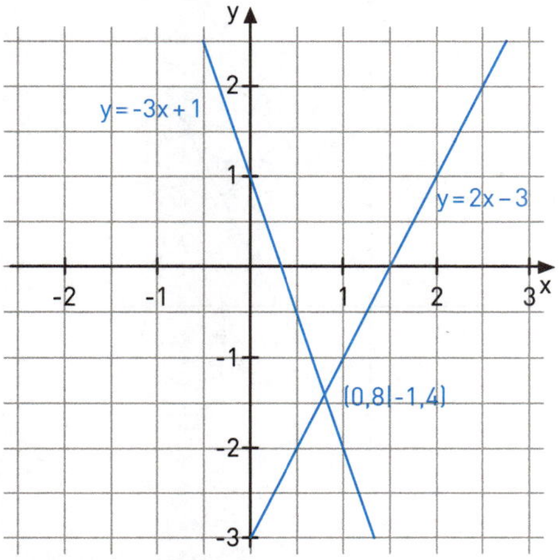

Der Schnittpunkt liegt bei $(0{,}8 \mid -1{,}4)$.

(je 1 Punkt für die Geraden, 1 Punkt für Punktangabe)

b)
$\left|\begin{array}{l} 2y - 4x = -6 \\ y = -3x + 1 \end{array}\right|$

$\left|\begin{array}{l} 2\cdot(-3x + 1) - 4x = -6 \\ y = -3x + 1 \end{array}\right|$

$\left|\begin{array}{l} -10x + 2 = -6 \\ y = -3x + 1 \end{array}\right|$

$\left|\begin{array}{l} x = 0{,}8 \\ y = -3x + 1 \end{array}\right|$

$\left|\begin{array}{l} x = 0{,}8 \\ y = -1{,}4 \end{array}\right|$

Die berechnete Lösungsmenge ist $L = \{(0{,}8 \mid -1{,}4)\}$.

(3 Punkte für Rechnung, 1 Punkt für Bewertung)

5. a)
$\left|\begin{array}{l} 2x + y = 4 \\ y = 3x + 2 \end{array}\right|$

$\left|\begin{array}{l} 2x + (3x + 2) = 4 \\ y = 3x + 2 \end{array}\right|$

$\left|\begin{array}{l} 5x = 2 \\ y = 3x + 2 \end{array}\right|$

$\left|\begin{array}{l} x = 0{,}4 \\ y = 3{,}2 \end{array}\right|$

$L = \{(0{,}4 \mid 3{,}2)\}$

b)
$\left|\begin{array}{l} 6x = 12 + y \\ 3x = -12 + 2y \end{array}\right|$

$\left|\begin{array}{l} 12x = 24 + 2y \\ 3x = -12 + 2y \end{array}\right|$

$\left|\begin{array}{l} 9x = 36 \\ 3x = -12 + 2y \end{array}\right|$

$\left|\begin{array}{l} x = 4 \\ y = 12 \end{array}\right|$

$L = \{(4 \mid 12)\}$

(je 4 Punkte pro Rechnung und 1 Punkt für Angabe der Lösungsmenge)

6. Festlegen der Variablen:
Anzahl der Erwachsenen: x (Kartenpreis 4 €)
Anzahl der Jugendlichen: y (Kartenpreis 1,50 €)
Gesamtpersonenzahl: 350
Einnahmen: 1000 €

a) Aufstellen der Bedingungen/Rechnung:

$\left|\begin{array}{l} 4x + 1{,}5y = 1000 \\ x + y = 350 \end{array}\right|$

$\left|\begin{array}{l} 4x + 1{,}5y = 1000 \\ x = 350 - y \end{array}\right|$

$\left|\begin{array}{l} 4\cdot(350 - y) + 1{,}5y = 1000 \\ x = 350 - y \end{array}\right|$

$\left|\begin{array}{l} x = 160 \\ y = 190 \end{array}\right|$

Es wurden 160 Schüler- und 190 Erwachsenenkarten verkauft.

b) $160 \cdot 1{,}5 + x \cdot 190 = 1475$

Auflösen nach x ergibt: $x = 6{,}5$

Um bei gleicher Anzahl Erwachsenenkarten beim nächsten Mal 1475 € einzunehmen, müsste jede Erwachsenenkarte 6,50 € kosten.

(je 1 Punkt für Festlegung der Variablen, Ansatz, Antwortsatz, 3 Punkte für Rechnung; b) 2 Punkte für Rechnung, 1 Punkt für Antwortsatz)

7. Prozentwert und Prozentsatz sind gegeben, der Grundwert ist gesucht: $G = 3 : \frac{60}{100} = 3 \cdot \frac{100}{60} = 5$

Es gibt insgesamt 5 Mädchen.

$G = 3 : \frac{12}{100} = 3 \cdot \frac{100}{12} = 25$

Es gibt insgesamt 25 Kinder.

Folglich gibt es: $25 - 5 = 20$ Jungen auf dem Fest.

(je 2 Punkte für Berechnungen der beiden Grundwerte; 1 Punkt für Berechnung des Jungenanteils, 1 Punkt für Antwortsatz)

Zum Nacharbeiten							
Aufgabe	1	2	3	4	5	6	7
Schulbuch, Seite	136–138	138	137	142–143, 148	147–148, 150, 152–153	160	Kl. 7, 65 ff.

Klassenarbeit 3.2

Seite 71/72

1. Lösungen der Gleichung sind die folgenden Zahlenpaare:
$(-1 \mid -2)$; $(0 \mid -0{,}6)$; $(0{,}5 \mid 0{,}1)$

(je 1 Punkt für die richtig ausgewählten Punkte und auch für die Punkte, die als nicht richtig ausgeschlossen wurden)

2. Gerade: $y = -\frac{1}{3}x + 2$

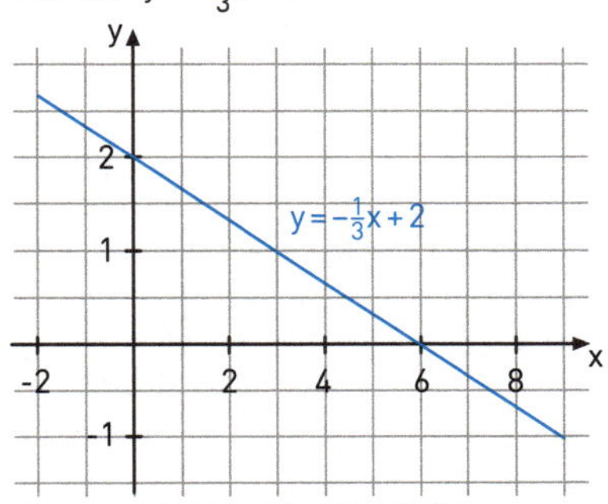

a) z. B. $P(0 \mid 2)$; $Q(6 \mid 0)$; $R(3 \mid 1)$
Hier sind auch andere Punktangaben richtig, solange sie auf dem Graphen liegen. (1 Punkt)

b) z. B. $T(0 \mid 0)$; $V(2 \mid 0)$
Hier sind auch andere Punktangaben richtig, solange sie nicht auf dem Graphen liegen. (je 1 Punkt pro Punkt)

3. a)
$\left|\begin{array}{l} 5x - 2y = 9 \\ 10x - 4y = 6 \end{array}\right|$

$\left|\begin{array}{l} -10 + 4y = -18 \\ 10x - 4y = 6 \end{array}\right|$

$\left|\begin{array}{l} 0 = -12 \\ 10x - 4y = 6 \end{array}\right|$

$L = \{\ \}$

b)
$\left|\begin{array}{l} 3x + 3y = 6 \\ 4x - 12y = 16 \end{array}\right|$

$\left|\begin{array}{l} 12x + 12y = 24 \\ -12x + 36y = -48 \end{array}\right|$

$\left|\begin{array}{l} 12x + 12y = 24 \\ 48y = -24 \end{array}\right|$

$\left|\begin{array}{l} x = 2{,}5 \\ y = -0{,}5 \end{array}\right|$

$L = \{(2{,}5 \mid -0{,}5)\}$

(a) 3 Punkte für Rechnung und 1 Punkt für Lösungsmenge; b) 4 Punkte für Rechnung und 1 Punkt für Lösungsmenge)

4. Festlegen der Variablen:
Anzahl 3 Personenzelte (für die Jungs): x
Anzahl 4 Personenzelte (für die Mädchen): y
Gesamtpersonenzahl: 86
Anzahl der Zelte 24
Aufstellen der Bedingungen/Rechnung:

$\left|\begin{array}{l} 3x + 4y = 86 \\ x + y = 24 \end{array}\right|$

$\left|\begin{array}{l} 3x + 4y = 86 \\ x = 24 - y \end{array}\right|$

$\left|\begin{array}{l} 3 \cdot (24 - y) + 4y = 86 \\ x = 24 - y \end{array}\right|$

$\left|\begin{array}{l} x = 10 \\ y = 14 \end{array}\right|$

$4 \cdot 14 = 56$

An dem Zeltlager nehmen 56 Mädchen teil.
(je 1 Punkt für Festlegung der Variablen, Ansatz, Antwortsatz, 3 Punkte für Rechnung)

5. Die Subtraktion einer Zahl entspricht der Addition mit der Gegenzahl. Wenn man durch Multiplizieren (oder Dividieren) in einer oder beiden Gleichungen denselben Koeffizienten einer Variablen erhält, kann über das Subtrahieren eine Gleichung mit nur noch einer Variablen erhalten werden.
Beispiel:

$\left|\begin{array}{l} 8x - 6 = 10y \\ -6x + 8 = 10y \end{array}\right|$

$\left|\begin{array}{l} 8x - 6 = 10y \\ 14x - 14 = 0 \end{array}\right|$

$\left|\begin{array}{l} 8x - 6 = 10y \\ 14x = 14 \end{array}\right|$

$\left|\begin{array}{l} y = 2 \\ x = 1 \end{array}\right|$

$L = \{(1 \mid a\ 0{,}2)\}$

(je 1 Punkt für richtig, 2 Punkte für Rechnung und 1 Punkt für Antwortsatz mit Begründung)

6. **a)** $240\,m^2 = 2\,400\,000\,cm^2$ **d)** $5{,}9\,m^3 = 5\,900\,000\,cm^3$
b) $97\,cm^2 = 9\,700\,mm^2$ **e)** $55\,dm^3 = 55\,000\,mm^3$
c) $4{,}05\,cm^2 = 405\,mm^2$ **f)** $2\,m^3 = 2\,000\,l$
(je 1 Punkt)

Zum Nacharbeiten						
Aufgabe	1	2	3	4	5	6
Schulbuch, Seite	136	136	147–148, 150, 152–153	161	150	Kl.5, 178 ff.

Klassenarbeit 3.3

Seite 73/74

1. **a)** (5 | 9) (1 Punkt)
b) $x + y = 14$: Setze in die Lücke einen Platzhalter ein, z. B. „b“: $bx + y = 14$. Setze dann für x und y ein: $b \cdot (-6)x + (-10) = 14$; löse dann nach b auf: $b = -4$
Die Gleichung heißt dann: $(-4)x + (-10) = 14$ (2 Punkte)
c) Verfahre wie in Aufgabenteil b). Du erhältst $b = 3$.
Die Gleichung heißt dann: $-2x + 3y = 15$ (2 Punkte)
$d\left(\frac{5}{4} \mid -\frac{1}{2}\right)$ (1 Punkt)

2. **a)** Gerade: A: $y = 2x - 5$
Schnittpunkt mit der x-Achse: (2,5 | 0)
Gerade B: $y = -x + 7$
Schnittpunkt mit der x-Achse: (7 | 0)

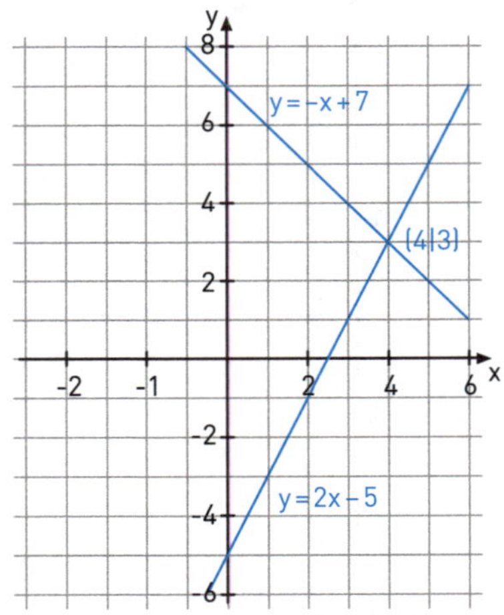

(je 1 Punkt pro Gerade und Punkt)

b) gemeinsamer Punkt: S(4 | 3) (1 Punkt)
c) z. B. $y = 2x + 7$ (eine mögliche Gerade muss parallel zur Geraden A verlaufen, d. h. sie hat ebenfalls die Steigung 2) (2 Punkte für Geradengleichung)

3. **a)**

$\left|\begin{array}{l} y = 6x - 12 \\ y = 8x + 14 \end{array}\right|$

$\left|\begin{array}{l} 6x - 12 = 8x + 14 \\ y = 8x + 14 \end{array}\right|$

$\left|\begin{array}{l} -26 = 2x \\ y = 8x + 14 \end{array}\right|$

$\left|\begin{array}{l} x = 13 \\ y = -90 \end{array}\right|$

$L = \{(13 \mid -90)\}$

b)

$\left|\begin{array}{l} 2x + y = 1 \\ -y = x - 2 \end{array}\right|$

$\left|\begin{array}{l} 2x + y = 1 \\ y = -x + 2 \end{array}\right|$

$\left|\begin{array}{l} 2x + (-x + 2) = 1 \\ y = -x + 2 \end{array}\right|$

$\left|\begin{array}{l} x + 2 = 1 \\ y = -x + 2 \end{array}\right|$

$\left|\begin{array}{l} x = -1 \\ y = 3 \end{array}\right|$

$L = \{(-1 \mid 3)\}$

(je 4 Punkte für Rechnung, 1 Punkt für Lösungsmenge)

4. Aufstellen der Bedingungen/Rechnung:

$\left|\begin{array}{l} x - y = 4 \\ x + y = 7 \end{array}\right|$

$\left|\begin{array}{l} 2x = 11 \\ x + y = 7 \end{array}\right|$

$\left|\begin{array}{l} x = 5{,}5 \\ y = 1{,}5 \end{array}\right|$

Er hat sich die Zahlen 1,5 und 5,5 gedacht.
(je 1 Punkt für Ansatz, Antwortsatz, 2 Punkte für Rechnung)

5. Leonards Alter heute: x
Mutters Alter heute: y
y + 10 ist das Alter der Mutter in 10 Jahren

$\left|\begin{array}{l} y + 10 = 4x \\ y = 3x \end{array}\right|$

$\left|\begin{array}{l} y = 4x - 10 \\ y = 3x \end{array}\right|$

$\left|\begin{array}{l} 3x = 4x - 10 \\ y = 3x \end{array}\right|$

$\left|\begin{array}{l} x = 10 \\ y = 30 \end{array}\right|$

Die Mutter ist heute 30 Jahre alt, Leonard ist 10 Jahre alt.
(1 Punkt für Festlegung der Variablen, 2 Punkte für Ansatz, 2 Punkte für Rechnung, 1 Punkt für Antwortsatz)

6. **a)** $\frac{1}{6} \cdot \left(-\frac{6}{7}\right) + 0{,}25 \cdot \left(-\frac{4}{7}\right) = -\frac{1}{7} + \frac{1}{4} \cdot \left(-\frac{4}{7}\right)$
$= -\frac{1}{7} + \left(-\frac{1}{7}\right) = -\frac{2}{7}$

b) $12\cdot\left(-\frac{3}{4}\right)^2 - 8\cdot(1{,}5)^3 = 12\cdot\frac{9}{16}\cdot 8\cdot\left(\frac{3}{2}\right)^2$
$= \frac{27}{4} - 8\cdot\frac{27}{8} = \frac{27}{4} - 27 = -20\frac{1}{4}$

c) $[-90 + (-6-4)\cdot 2] : (-5) = [-90 + (-10)\cdot 2] : (-5)$
$= [-90 + (-20)] : (-5) = -110 : (-5) = 22$

(je 3 Punkte pro Rechnung)

Zum Nacharbeiten						
Aufgabe	1	2	3	4	5	6
Schulbuch, Seite	136–138	142–143	147–148, 150	160	143, 152	Kl.7, 166 ff.

4. Daten und Zufall

Zum Aufwärmen: Verstehen und Üben

Seite 75

1. a)

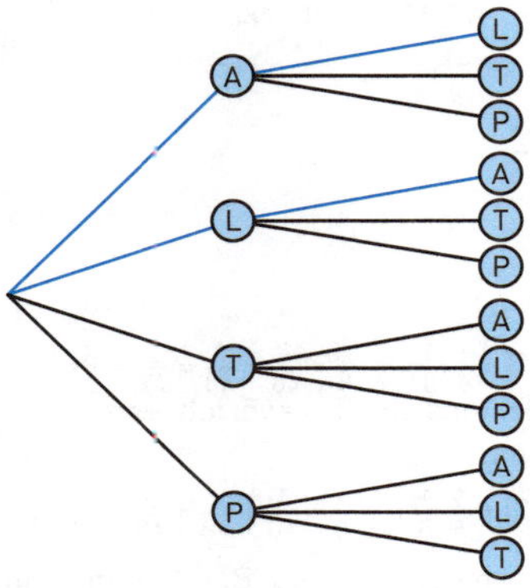

b) Die Pfade sind blau markiert.

c) Bei 8 Pfaden wird ein Mädchen und ein Junge ausgewählt.

d) Bei 6 Pfaden ist Paul dabei.

Seite 76

2. a)

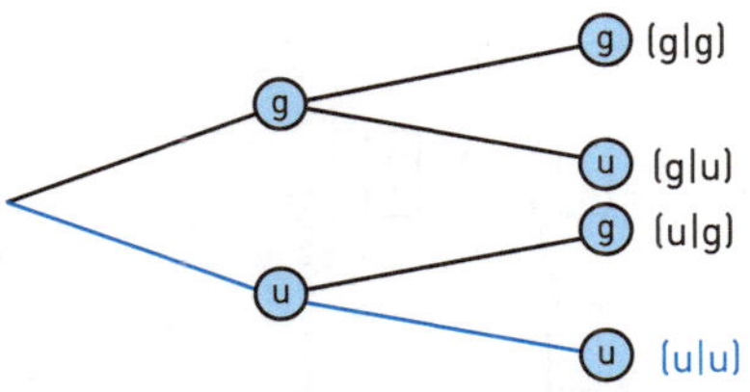

b) Der Pfad (u | u) gehört zu den beiden ungeraden Zahlen.

c) Bei den Pfaden (g | u) und (u | g) ist die Summe der beiden Zahlen ungerade.

3. a)

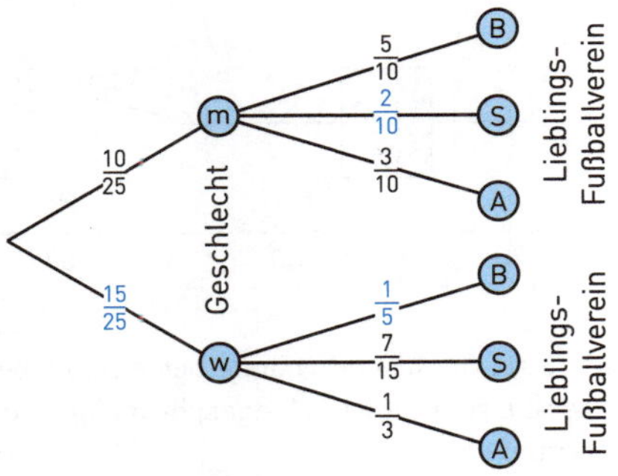

b) Geschlecht: (m)ännlich, (w)weiblich
Lieblingsfußballverein: (B)orussia Dortmund, (S)chalke 04, (A)nderer Verein

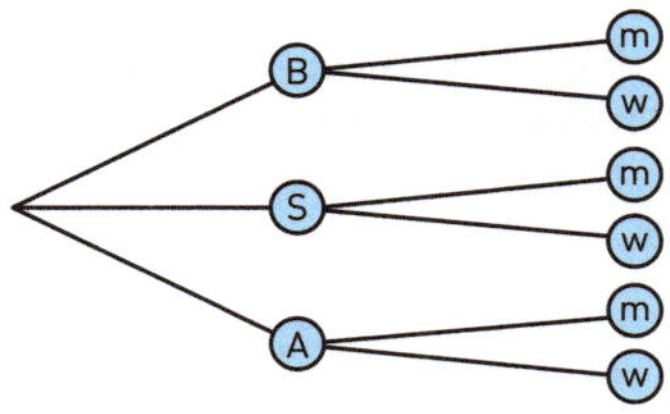

Seite 77

4. a) Es wird zweimal Wappen oder zweimal Zahl geworfen.
b) Es wird einmal Wappen und einmal Zahl geworfen.
c) Es wird mindestens einmal Zahl geworfen.
d) Im ersten Wurf erscheint Zahl.

Pfadregeln

5. a)

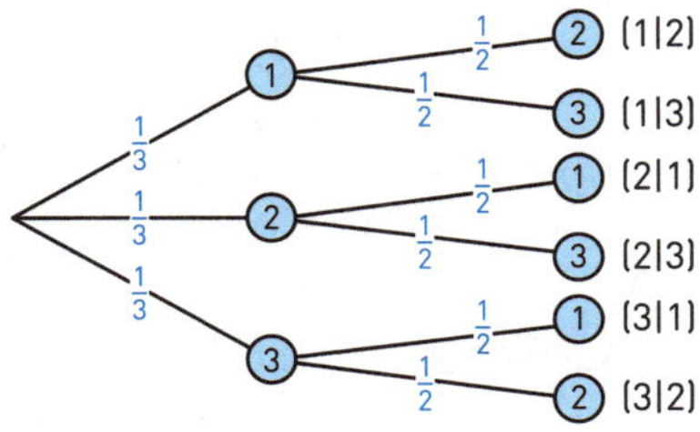

b) $P(1\,|\,2) = \frac{1}{3}\cdot\frac{1}{2} = \frac{1}{6}$

c) $P(2\,|\,3) + P(3\,|\,2) = \frac{1}{3}\cdot\frac{1}{2} + \frac{1}{3}\cdot\frac{1}{2} = \frac{1}{6} + \frac{1}{6} = \frac{1}{3}$

d) $P(1\,|\,2) + P(2\,|\,1) + P(2\,|\,3) + P(3\,|\,2)$
$= \frac{1}{3}\cdot\frac{1}{2} + \frac{1}{3}\cdot\frac{1}{2} + \frac{1}{3}\cdot\frac{1}{2} + \frac{1}{3}\cdot\frac{1}{2} = \frac{4}{6} = \frac{2}{3}$

Seite 78

6. a) $P(1\,|\,3) = \frac{1}{2}\cdot\frac{1}{6} = \frac{1}{12}$

b) $P(1\,|\,1) + P(2\,|\,2) + P(3\,|\,3) = \frac{1}{2}\cdot\frac{1}{2} + \frac{1}{3}\cdot\frac{1}{3} + \frac{1}{6}\cdot\frac{1}{6}$
$= \frac{1}{4} + \frac{1}{9} + \frac{1}{36} = \frac{7}{18}$

c) $P(1\,|\,3) + P(3\,|\,1) + P(2\,|\,2) = \frac{1}{2}\cdot\frac{1}{6} + \frac{1}{6}\cdot\frac{1}{2} + \frac{1}{3}\cdot\frac{1}{3}$
$= \frac{1}{12} + \frac{1}{12} + \frac{1}{9} = \frac{5}{18}$

Streuung bei Häufigkeitsverteilungen

Seite 79

7. a) Mit dem Median 164 cm, dem unteren Quartil 157 cm und dem oberen Quartil 170 cm erhält man folgendes Boxplot:

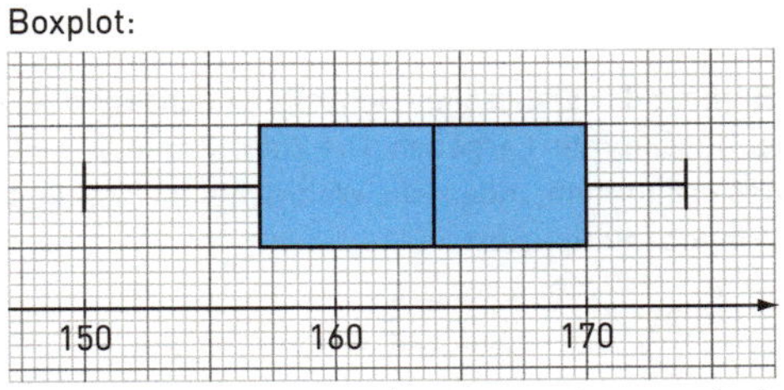

b) Es gibt keine Ausreißer. (Alle Daten liegen zwischen 137,5 cm und 189,5 cm.)

8. a) Mit dem Median 20, dem unteren Quartil 15 und dem oberen Quartil 25 erhält man folgendes Boxplot:

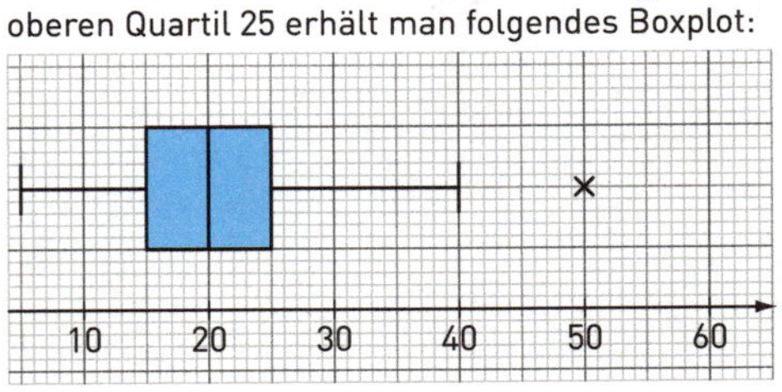

b) Bei 50 handelt es sich um einen Ausreißer, da der Wert von 40 überschritten wird. Der 1,5-fache Quartilsabstand begrenzt den Whisker nach oben auf 40.)

Klassenarbeit 4.1

Seite 80/81

1. a)

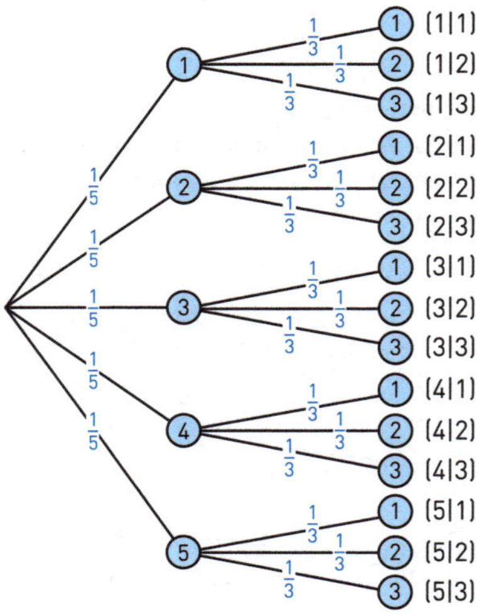

(2 Punkte)

b) P(1|1) + P(2|2) + P(3|3)

$= \frac{1}{5}\cdot\frac{1}{3} + \frac{1}{5}\cdot\frac{1}{3} + \frac{1}{5}\cdot\frac{1}{3} = \frac{1}{15} + \frac{1}{15} + \frac{1}{15} = \frac{3}{15} = \frac{1}{5}$ (2 Punkte)

c) P(Summe ist 6) = P(3|3) + P(4|2) + P(5|1)

$= \frac{1}{5}\cdot\frac{1}{3} + \frac{1}{5}\cdot\frac{1}{3} + \frac{1}{5}\cdot\frac{1}{3} = \frac{1}{15} + \frac{1}{15} + \frac{1}{15} = \frac{3}{15} = \frac{1}{5}$ (3 Punkte)

2. a) Median der notierten Schuhgrößen: 42 (1 Punkt)

b) Mit dem Median 42, dem unteren Quartil 41 und dem oberen Quartil 44 erhält man folgendes Boxplot:

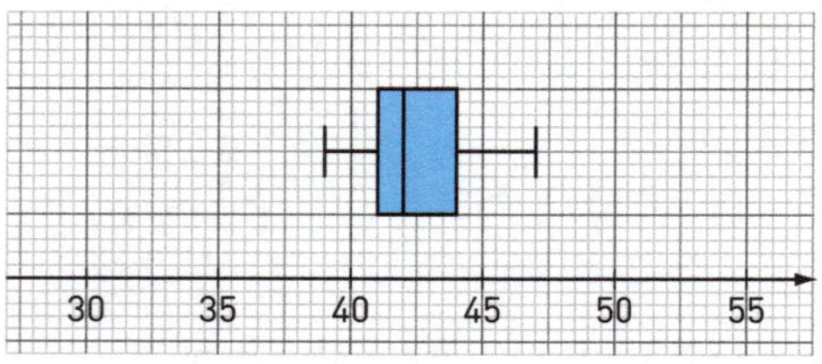

(3 Punkte)

c) Das arithmetische Mittel beträgt:

$\frac{39 + 42 + 44 + 40 + 45 + 41 + 42 + 43 + 47 + 43 + 42}{11} \approx 42{,}5$

Das arithmetische Mittel liegt etwas oberhalb des Medians. (3 Punkte)

3. Die Summe der Wahrscheinlichkeiten nach jeder Verzweigung muss immer 1 ergeben. Die Wahrscheinlichkeit eines Pfades erhält man, indem die Wahrscheinlichkeiten längs des Pfades multipliziert.

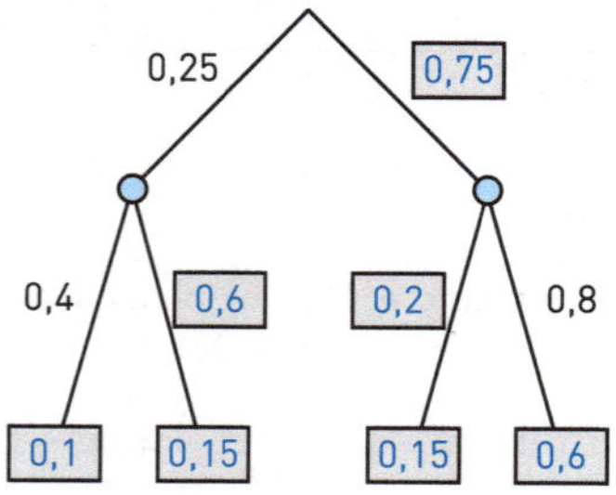

(je 1 Punkt)

4. a) Es gibt $6\cdot 6 = 36$ mögliche Ergebnisse. Für das beschriebene Ereignis sind die Ergebnisse (1|1), (2|2), (3|3), (4|4), (5|5), (6|6), also 6 Ergebnisse günstig.

Jedes Ergebnis hat die Wahrscheinlichkeit $\frac{1}{6}\cdot\frac{1}{6} = \frac{1}{36}$.

P(Pasch) $= 6\cdot\frac{1}{36} = \frac{1}{6}$ (3 Punkte)

b) Hier sind die Ergebnisse (2|2), (2|4), (2|6), (4|2), (4|4), (4|6), (6|2), (6|4), (6|6) günstig.

P(Beide Augenzahlen gerade) $= 9\cdot\frac{1}{36} = \frac{1}{36} = \frac{1}{4}$ (3 Punkte)

c) Die Ergebnisse (1|6), (2|5), (3|4), (4|3), (5|2), (6|1) sind günstig.

P(Summe der Augenzahlen ergibt 7) $= 6\cdot\frac{1}{36} = \frac{6}{36} = \frac{1}{6}$

(3 Punkte)

5. a) $y = \frac{1}{2}x + 1$ **b)** $y = \frac{3}{2}x + 1$ **c)** $y = -\frac{1}{2}x + 5$

(je 2 Punkte)

Zum Nacharbeiten					
Aufgabe	1	2	3	4	5
Schulbuch, Seite	175, 176, 179–181	177, 180	185, 186	179–181	99, 105–107

Klassenarbeit 4.2

Seite 82/83

1. a) P(5|2) $= \frac{1}{6}\cdot\frac{1}{4} = \frac{1}{24}$ (2 Punkte)

b) P(1|4) + P(2|4) $= \frac{1}{6}\cdot\frac{1}{8} + \frac{1}{6}\cdot\frac{1}{8} = \frac{1}{48} + \frac{1}{48} = \frac{2}{48} = \frac{1}{24}$ (3 Punkte)

c) Es muss mindestens eine 5 gewürfelt werden.

Man erhält dann:

P(5|4) + P(6|3) $= \frac{1}{6}\cdot\frac{1}{8} + \frac{1}{6}\cdot\frac{1}{8} = \frac{1}{48} + \frac{1}{48} = \frac{2}{48} = \frac{1}{24}$ (3 Punkte)

2. Die Wahrscheinlichkeit oben links z. B. erhält man, indem man rückwärts rechnet: $\frac{1}{12} : \frac{1}{4} = \frac{1}{3}$. Außerdem ist zu berücksichtigen, dass die Summe der Wahrscheinlichkeiten nach jeder Verzweigung immer 1 ergibt.

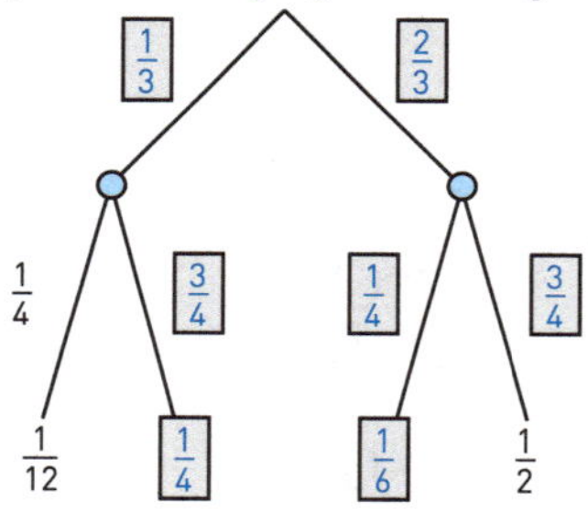

(je 1 Punkt)

3. a) Median der Messreihe: 30 (1 Punkt)

b) Mit dem Median 30, dem unteren Quartil 27 und dem oberen Quartil 35 erhält man folgendes Boxplot:

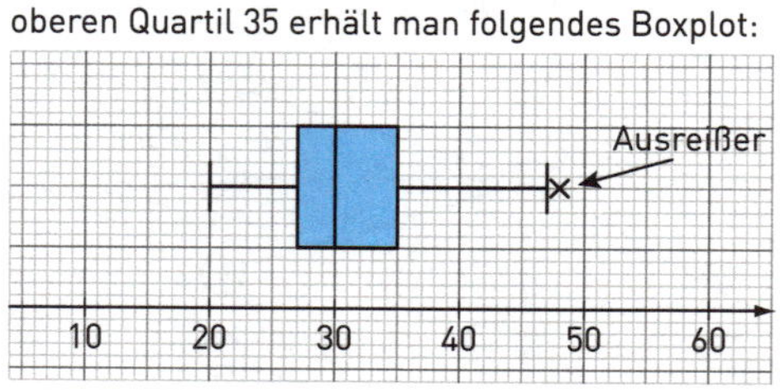

(3 Punkte)

c) Bei dem Ausreißer 48 km/h handelt es sich um einen Raser, der die zulässige Höchstgeschwindigkeit deutlich überschritten hat. (1 Punkt)

4. a)

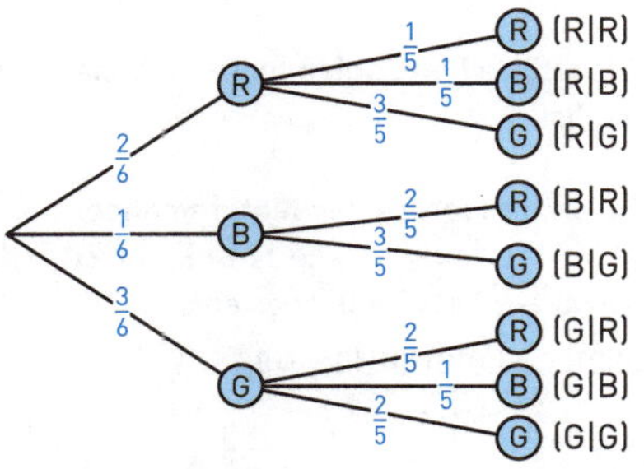

(3 Punkte)

b) P(Zwei gleichfarbige Kugeln) = P(R | R) + P(G | G)
$= \frac{1}{3}\cdot\frac{1}{5} + \frac{1}{2}\cdot\frac{2}{5} = \frac{1}{15} + \frac{2}{10} = \frac{4}{15}$ (3 Punkte)

c) P(Zwei verschiedenfarbige Kugeln)
= 1 − P(Zwei gleichfarbige Kugeln) $= 1 - \frac{4}{15} = \frac{11}{15}$
(2 Punkte)

5. Wenn man die Gleichungen jeweils nach y auflöst, kann man den y-Achsenabschnitt ablesen und den Schnittpunkt S mit der y-Achse direkt angeben.
Setzt man für y null ein und löst nach x auf, erhält man die Nullstelle und kann den Schnittpunkt S mit der x-Achse angeben.

a) $y = -\frac{4}{5}x + 4 \Rightarrow S(0\,|\,4)$
$0 = -\frac{4}{5}x + 4 \Rightarrow x = 5 \Rightarrow S(5\,|\,0)$

b) $y = -5x + 10 \Rightarrow S(0\,|\,10)$
$y = -5x + 10 \Rightarrow x = 2 \Rightarrow S(2\,|\,0)$

c) $y = -\frac{5}{2}x + 5 \Rightarrow S(0\,|\,5)$
$0 = -\frac{5}{2}x + 5 \Rightarrow x = 2 \Rightarrow S(2\,|\,0)$

d) $y = \frac{2}{3}x + 2 \Rightarrow S(0\,|\,2)$
$0 = \frac{2}{3}x + 2 \Rightarrow x = -3 \Rightarrow S(-3\,|\,0)$ (je 2 Punkte)

Zum Nacharbeiten					
Aufgabe	1	2	3	4	5
Schulbuch, Seite	175, 176, 179–181	177, 180	185, 186	175, 176, 179–181	135–137, 146, 147

5. Quadratwurzeln und reelle Zahlen

Zum Aufwärmen: Verstehen und Üben

Seite 84

Quadratwurzeln

1. a) 11; 6; 17; 200; 32
b) $\frac{5}{8}$; $\frac{3}{16}$; $\frac{9}{2}$; $\frac{1}{1000}$; $\frac{12}{25}$
c) 0,7; 0,2; 1,3; 0,03; 1,9

2. a) 0 **c)** −3
b) nicht definiert **d)** nicht definiert
Zu b) und d): Quadratwurzeln können nur aus nichtnegativen Zahlen gezogen werden.

3. a) $\sqrt{81}$ **b)** $\sqrt{0{,}36}$ **c)** $\sqrt{\frac{4}{125}}$
d) nicht möglich, da Quadratwurzeln stets nichtnegativ sind

Näherungswerte von Quadratwurzeln

Seite 85

4. a) $3 < \sqrt{10} < 4$, denn $3\cdot3 = 9 < 10$ und $4\cdot4 = 16 > 10$
b) $7 < \sqrt{52} < 8$, denn $7\cdot7 = 49 < 52$ und $8\cdot8 = 64 > 52$
c) $17 < \sqrt{300} < 18$, denn $17\cdot17 = 289 < 300$
und $18\cdot18 = 324 > 300$
d) $30 < \sqrt{911} < 31$, denn $30\cdot30 = 900 < 911$
und $31\cdot31 = 961 > 911$

5. a) $4\cdot4 = 16 < 20 < 25 = 5\cdot5$
b) Die letzte Nachkommastelle ist eine 5; da aber $5\cdot5 = 25$ ergibt, müsste die Zahl ebenso auf 5 enden, was bei 20 aber nicht der Fall ist.
c) Aus a) ergibt sich, dass es weder 4 noch 5 sein können; bei einem abbrechenden Dezimalbruch gäbe es aber immer eine letzte Nachkommastelle, die nicht 0 ist.
Wie in b) ergibt sich aber für die Quadrate aller Ziffern von 1 bis 9 niemals eine 0 am Ende. Also kann der Dezimalbruch nicht endlich sein.

Rationale und irrationale Zahlen

6. a) 0,25 **b)** 0,35 **c)** 0,6 **d)** 0,072

Seite 86

7. a) $0,\overline{1}$ **b)** $0,\overline{09}$ **c)** $0,08\overline{3}$ **d)** $0,0\overline{714285}$

8. a) $\frac{9}{10}$ **b)** $\frac{123}{1000}$ **c)** $\frac{987}{100}$ **d)** $\frac{20\,650}{10\,000} = \frac{413}{200}$

9. a) $\frac{4}{9}$ **b)** $\frac{4}{3}$ **c)** $\frac{34}{11}$ **d)** $4 + \frac{1}{2} + \frac{67}{990} = \frac{4522}{990}$

Reelle Zahlen

10. a) 0000010000
Regel: immer eine „0" mehr zwischen den Einsen
b) 1314151617
Regel: alle natürlichen Zahlen hintereinander
c) 5121024204
Regel: alle Zweierpotenzen hintereinander

Seite 87

11.

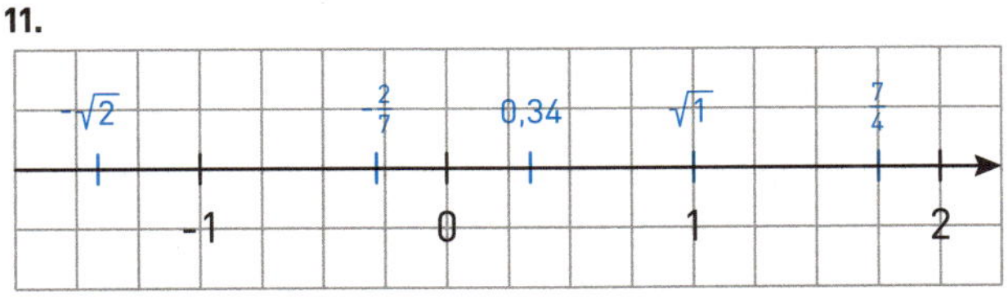

Rechenregeln für Quadratwurzeln

12. a) $\sqrt{6}\cdot\sqrt{24} = \sqrt{6\cdot24} = \sqrt{144} = 12$
b) $\sqrt{30}\cdot\sqrt{120} = \sqrt{3600} = 60$
c) $\frac{\sqrt{2}}{\sqrt{18}} = \sqrt{\frac{2}{18}} = \sqrt{\frac{1}{9}} = \frac{1}{3}$
d) $\sqrt{\frac{125}{20}} = \sqrt{\frac{25}{4}} = \frac{5}{2}$

13. a) $\sqrt{64 + 36} = \sqrt{100} = 10 \neq 14 = 8 + 6 = \sqrt{64} + \sqrt{36}$
Allgemein gibt es also keine Rechenregel für die Addition von Wurzeln.
b) $\sqrt{25 - 16} = \sqrt{9} = 3 \neq 1 = 5 - 4 = \sqrt{25} - \sqrt{16}$
Allgemein gibt es also keine Rechenregel für die Subtraktion von Wurzeln.

14. a) $\sqrt{36\cdot3} = \sqrt{108}$ **c)** $\sqrt{\frac{49\cdot5}{25\cdot7}} = \sqrt{\frac{7}{5}}$
b) $\sqrt{4\cdot17} = \sqrt{68}$ **d)** $\sqrt{\frac{169}{100}\cdot\frac{1}{338}} = \sqrt{\frac{1}{200}}$

15. a) $2\sqrt{30}$ **b)** $4\sqrt{6}$ **c)** $18\sqrt{2}$ **d)** $\frac{7}{5}\sqrt{\frac{1}{5}}$

Anwenden der Wurzelgesetze auf Terme mit Variablen

Seite 88

16. **a)** $11pq^3$ **b)** $0{,}8\frac{m}{n^2}$ **c)** $4ab$ **d)** $15x^3y^2z$

17. **a)** $5\sqrt{2} + \sqrt{8} = 5\sqrt{2} + \sqrt{4\cdot 2} = 5\sqrt{2} + 2\sqrt{2} = 7\sqrt{2}$
b) richtig
c) richtig für $xy \geq 0$
d) $\sqrt{7m^3n - 3m^3n} = \sqrt{4m^3n} = 2|m|\sqrt{mn}$ für $mn \geq 0$

Umformen von Wurzeltermen

18. **a)** $\sqrt{2}\cdot(\sqrt{8} + \sqrt{18}) = \sqrt{2}\cdot\sqrt{8} + \sqrt{2}\cdot\sqrt{18} = \sqrt{16} + \sqrt{36} = 10$
b) $(\sqrt{a} - \sqrt{b})\cdot\sqrt{c} = \sqrt{ac} - \sqrt{bc}$ für $a, b, c \geq 0$

19. **a)** $(\sqrt{3} + \sqrt{7})\cdot(\sqrt{3} - \sqrt{7}) = 3 - 7 = -4$
b) $(\sqrt{z+2} + \sqrt{z-2})^2 = (z+2) + 2\cdot\sqrt{(z+2)(z-2)} + (z-2)$
$= 2z + 2\sqrt{(z+2)(z-2)}$ für $z \geq 2$

Klassenarbeit 5.1

Seite 89/90

1. **a)** $\sqrt{a}$ ist diejenige nichtnegative Zahl, die mit sich selbst multipliziert a ergibt. (2 Punkte)
b) 12; 25; 0,3; $\frac{7}{4}$; $\frac{9}{100}$ (je 1 Punkt)
c) 7 ist keine Quadratzahl. (2 Punkte)
d) Die letzte Nachkommastelle kann keine 1 sein, da $1\cdot 1 = 1$ ergibt. (2 Punkte)
e) Das letzte Gleichheitszeichen ist falsch, da (vgl. Def. in a)) Wurzeln wegen der Eindeutigkeit nichtnegativ sind. (2 Punkte)

2. **a)** (1) als gewöhnliche Brüche
(2) als abbrechende oder periodische Dezimalbrüche (2 Punkte)
b) $2 : 7 = 0{,}\overline{285714}$
-0
20
-14
60
-56
40
-35
50
-49
10
-7
30
-28
2
(5 Punkte)

3. $\frac{127}{1000}$ (1 Punkt); $\frac{519}{999}$ (2 Punkte);
$\frac{43}{100} + \frac{8}{900} = \frac{79}{180}$ (2 Punkte)

4. **a)** 555 556 …
Regel: alle natürlichen Zahlen hintereinander so oft wie die Zahl selbst
171 921 …
Regel: alle ungeraden Zahlen hintereinander
(je 1 Punkt für Ziffern, Regel)
b) denkbar etwa $-\sqrt{2} + \sqrt{2} = 0$ oder etwa
$0{,}1010010001\ldots + 1{,}0101101110\ldots = 1{,}\overline{1} = \frac{10}{9}$ (2 Punkte)

5. **a)** $\frac{3}{6}\cdot\frac{3}{6} = \frac{9}{36} = \frac{1}{4}$ **c)** $1 - \frac{3}{6}\cdot\frac{3}{6} = 1 - \frac{1}{4} = \frac{3}{4}$
b) $\frac{5}{6}\cdot\frac{5}{6} = \frac{25}{36}$ (je 2 Punkte)

Zum Nacharbeiten					
Aufgabe	1	2	3	4	5
Schulbuch, Seite	195–198	198–201	198–201	202–203	175–184

Klassenarbeit 5.2

Seite 91/92

1. **a)** z. B.: „Eine irrationale Zahl kann man nicht als Bruch schreiben.“ oder „ein Dezimalbruch der weder abbrechend noch periodisch ist“. (2 Punkte)
b)

Z	1,38	$\sqrt{6}$	$-2{,}3\overline{45}$	$-\sqrt{4}$	$\sqrt{(-1)^2}$	$-\sqrt{2}$	$-0{,}9$	$\frac{7}{13}$	$\sqrt{\frac{81}{25}}$	$-\sqrt{\frac{2}{8}}$
r	x		x	x	x		x	x	x	x
i		x				x				

(je 0,5 Punkte für richtiges Kreuz)
c) Grafik siehe unten (je 0,5 Punkte für richtige Position)

2. **a)** $5 < \sqrt{30} < 6$; $-3 < -\sqrt{5} < -2$; $11 < \sqrt{133} < 12$;
$-20 < -\sqrt{397} < -19$ (je 1 Punkt)
b) $3{,}3^2 = 10{,}89 < 11 < 11{,}56 = 3{,}4^2$ (2 Punkte)
c) 0,05 (1 Punkt); 0,375 (1 Punkt); 1,171875 (2 Punkte)

3. **a)** Für alle $a \geq 0$, $b \geq 0$ gilt: $\frac{\sqrt{a}}{\sqrt{b}} = \sqrt{\frac{a}{b}}$ (2 Punkte)
b) z. B.: $\sqrt{16+9} = \sqrt{25} = 5 \neq 7 = 4 + 3 = \sqrt{16} + \sqrt{9}$ (2 Punkte)
c) z. B.: m beliebig und $n = 0$. (2 Punkte)

4.
⊕
$\sqrt{3} + 4\sqrt{2}$
$\sqrt{3} + \sqrt{2}$ | $3\sqrt{2}$
$\sqrt{3}$ | $\sqrt{2}$ | $2\sqrt{2}$

⊙
$10\sqrt{10}$
$\sqrt{10}$ | 10
$\sqrt{2}$ | $\sqrt{5}$ | $2\sqrt{5}$

(je 1 Punkt für richtige Zahl)

5. **a)** $(\sqrt{a} + \sqrt{b})^2 = a + 2\sqrt{ab} + b$ (2 Punkte)
b) $(\sqrt{m} - \sqrt{n})^2 = m - 2\sqrt{mn} + n$ (2 Punkte)
c) $(\sqrt{x} + \sqrt{y})\cdot(\sqrt{x} - \sqrt{y}) = x - y$ (2 Punkte)

Zum Nacharbeiten				
Aufgabe	1	2	3, 4	5
Schulbuch, Seite	200–202	195–199	208–216	55–58, 217

Zu **1c)**

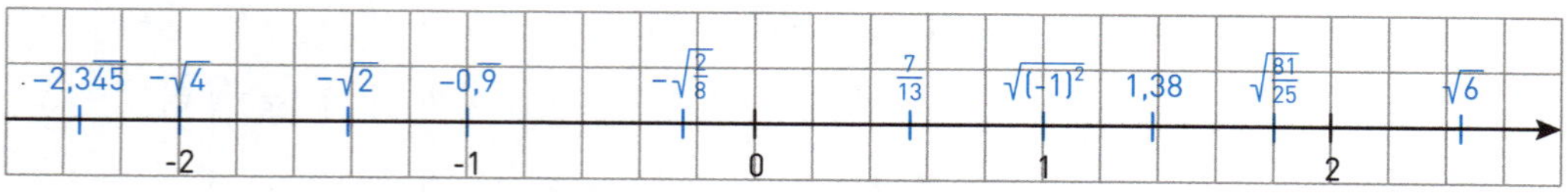

6. Kreis- und Körperberechnung

Zum Aufwärmen: Verstehen und Üben

Umfang eines Kreises

Seite 93

1. Numerische Werte sind gerundet.

Radius r	3 cm	2,5 cm	4 cm	1,2 cm
Durchmesser d	6 cm	5 cm	8 cm	2,4 cm
Umfang u	6π cm ≈ 18,8 cm	5π cm ≈ 15,7 cm	8π cm	$2,4\pi$ cm ≈ 7,5 cm

Radius r	3,35 cm	$\frac{4}{7}$ cm	$\frac{9}{4}$ cm	0,022 cm
Durchmesser d	6,7 cm	$\frac{8}{7}$ cm	$\frac{9}{2}$ cm	0,045 cm
Umfang u	$6,7\pi$ cm ≈ 21,0 cm	$\frac{8}{7}\pi$ cm ≈ 3,6 cm	$\frac{9}{2}\pi$ cm ≈ 14,1 cm	0,14 cm

2. a) $u = \pi d = 19\pi\,cm \approx 59,7\,cm$
b) $u = \pi d = 62,5\pi\,cm \approx 196,3\,cm$
c) $u = \pi d = 25,75\pi\,mm \approx 80,9\,mm$
d) $u = \pi d = 92\pi\,cm \approx 289\,cm$

3. a) $u = \pi d = \pi \cdot 28 \cdot 2,54\,cm \approx 223,43\,cm$
b) $l = 12\,km = 1\,200\,000\,cm$; $\frac{l}{u} \approx 5\,370,8$
Das Rad dreht sich insgesamt ca. 5 370 Mal.

Flächeninhalt eines Kreises

Seite 94

4. Numerische Werte sind gerundet.

Radius r	8 cm	4,5 cm	2 cm	3,6 cm
Durchmesser d	16 cm	9 cm	4 cm	7,2 cm
Flächeninhalt A	64π ≈ 201 cm²	$20,25\pi$ ≈ 63,6 cm²	4π cm²	$12,96\pi$ ≈ 40,7 cm²

Radius r	2,03 cm	$\frac{11}{6}$ cm	$\frac{5}{16}$ cm	1 cm
Durchmesser d	4,07 cm	$\frac{11}{3}$ cm	$\frac{5}{8}$ cm	2 cm
Flächeninhalt A	13 cm²	$\frac{121}{36}\pi$ ≈ 10,6 cm²	$\frac{25}{256}\pi$ ≈ 0,31 cm²	3,14 cm²

5. $25\pi\,m^2 \approx 78,5\,m^2$
Die Kuh kann auf einer Fläche von etwa 78,5 m² grasen.

6. $A = \pi \cdot (r_a^2 - r_i^2) = \pi \cdot ((6\,cm)^2 - (1,2\,cm)^2) \approx 108,57\,cm^2$

Seite 95

7. a) A_R...Flächeninhalt des Rechtecks
$A_R = 84,39\,m \cdot 73\,m = 6160,47\,m^2$
A_K...Flächeninhalt der Krümmung
$A_K = (36,5\,m)^2\pi\,m^2 \approx 4\,185,39\,m^2$
A_I...Flächeninhalt der innersten Laufbahn
$A = A_R + A_K \approx 10\,345,86\,m^2$
b) A_R...Flächeninhalt des Rechtecks mit Laufbahnen
$A_R = 84,39\,m \cdot (73\,m + 2 \cdot 8 \cdot 1,22\,m) \approx 7\,808\,m^2$
A_K...Flächeninhalt der Krümmung mit Laufbahnen
$A_K = (36,5 + 8 \cdot 1,22)^2\pi\,m^2 \approx 6\,722,97\,m^2$
$A = A_R + A_K - A_I \approx 4\,185,11\,m^2$

8. a) (1): $A = a^2\left(1 - \frac{1}{4}\pi\right)$; $u = 4a + 2\pi a$
(2): $A = \frac{a^2}{2}$; $u = 2a + \pi a$
(3): $A = a^2\left(\frac{\pi}{2} - 1\right)$; $u = 2\pi a$
(4): $A = \frac{\pi}{8}a^2$; $u = \frac{3}{2}\pi a$

b) (1): $A \approx 3,43\,cm^2$; $u \approx 41,1\,cm$
(2): $A = 8\,cm^2$; $u \approx 20,6\,cm$
(3): $A \approx 9,13\,cm^2$; $u \approx 25,1\,cm$
(4): $A \approx 6,28\,cm^2$; $u \approx 18,8\,cm$

Netz und Oberflächeninhalt eines Prismas

Seite 96

9. Folgende Verpackungen sind Prismen: Kondensmilch, Würfelzucker, Kekse, Pralinen, Tee.

10. a) 10 Ecken, 15 Kanten
b) $2 \cdot 5 \cdot 7\,cm + 5 \cdot 6\,cm = 100\,cm = 1\,m$
1 m Draht wird benötigt.

Seite 97

11. a) 1. und 3. sind Netze von Prismen. Bei 2. fehlen zwei Seitenflächen (die Grundseiten sind siebeneckig) und bei 4. sind nicht alle Seitenflächen gleich lang.
b) z. B.

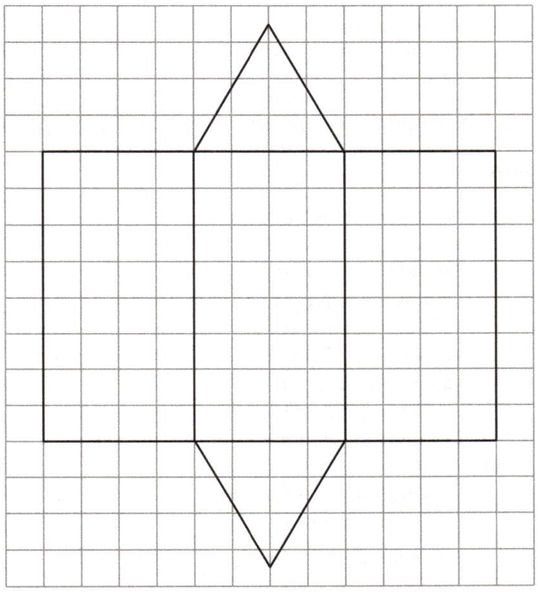

c) Für eine Seitenfläche gilt $2\,cm \cdot 4\,cm = 8\,cm^2$. Dann ist $M = 3 \cdot 8\,cm^2 = 24\,cm^2$. Die Höhe der Grundflächen beträgt etwa 1,7 cm.
$G = \frac{1}{2} \cdot 2\,cm \cdot 1,7\,cm = 1,7\,cm^2$
$O = 2G + M = 2 \cdot 1,7\,cm^2 + 24\,cm^2 = 27,4\,cm^2$

12. a) $O = 2G + M = 2 \cdot 30\,cm^2 + 120\,cm^2 = 180\,cm^2$
b) G verdoppelt: $O = 240\,cm^2$ (um $\frac{1}{3}$ größer)
G verdreifacht: $O = 300\,cm^2$ (um $\frac{2}{3}$ größer)
c) h verdoppelt: $O = 300\,cm^2$ (um $\frac{2}{3}$ größer)
h halbiert: $O = 120\,cm^2$ (um $\frac{1}{3}$ kleiner)

Volumen eines Prismas

Seite 98

13. Maßeinheiten z. T. umgerechnet

h	8 cm	3,5 cm	5 cm	4,2 cm	3 cm	60 dm
G	20 cm²	0,6 dm²	24 cm²	2 mm²	90 cm²	7 cm²
V	160 cm³	210 cm³	120 cm³	84 mm³	270 cm³	4,2 dm³

14. a) $V = \frac{1}{4}a^3$ **b)** $V = \frac{1}{4}a^3$ **c)** $V = \frac{3}{4}a^3$

Netz und Oberflächeninhalt eines Zylinders

15. Numerische Werte sind gerundet.

h	8 cm	6,3 cm	5 cm	0,96 cm
r	3 cm	5,7 cm	4 cm	7 cm
d	6 cm	11,4 cm	8 cm	14 cm
O	$66\pi\,cm^2$ ≈ $207{,}3\,cm^2$	$136{,}8\pi\,cm^2$ ≈ $429{,}8\,cm^2$	$72\pi\,cm^2$	$300\,cm^2$

Seite 99

16. a) $M = \pi d h \approx 4{,}52\,m^2$

b) (1): $6 \cdot 21\,cm = 1{,}26\,m$, Mindestbreite: $\frac{126\,cm}{\pi} \approx 40\,cm$

(2): $6 \cdot 29{,}7\,cm = 1{,}782\,m$, Mindestbreite: $\frac{178\,cm}{\pi} \approx 57\,cm$

Volumen eines Zylinders

17. a) $G = \pi r^2 = 1156\pi\,m^2 \approx 3632\,m^2$; $\approx 424\,900\,m^3$

$V = G \cdot h = 1156\pi\,m^2 \cdot 117\,m \approx 424\,907\,m^3$

b) $h = \frac{V}{G} = \frac{347\,000\,m^3}{1\,156\pi\,m^2} \approx 95{,}5\,m$

Bis zu einer Höhe von 95,5 m konnte Gas eingefüllt werden.

Berechnungen an zusammengesetzten Körpern

Seite 100

18. a) Volumen des Holzzylinders:

$V = \pi r^2 \cdot h = \pi (1\,cm)^2 \cdot 27\,cm \approx 84{,}8\,cm^3$

Gewicht: $84{,}8\,cm^3 \cdot 0{,}6\frac{g}{cm^3} \approx 51\,g$

Volumen des gesamten Eisenprismas:

$V = 2\,cm \cdot (12\,cm^2 + 4\,cm^2) = 32\,cm^3$

Volumen des Bohrlochs: $V = \pi (1\,cm)^2 \cdot 2\,cm \approx 6{,}28\,cm^3$

Volumen Eisenprisma: $32\,cm^3 - 6{,}28\,cm^3 = 25{,}72\,cm^3$

Gewicht: $25{,}72\,cm^3 \cdot 7{,}8\frac{g}{cm^3} \approx 201\,g$

Der gesamte Hammer wiegt etwa 252 g.

b) Holzlasur

$\pi r^2 + d\pi h = \pi (1\,cm)^2 + 2\,cm \cdot \pi \cdot 25\,cm = 51\pi\,cm^2 \approx 160\,cm^2$

Eisenlackierung

$(2\,cm \cdot 6\,cm) \cdot 4 + \left(2\,cm \cdot \frac{4}{2}\,cm\right) \cdot 2 + (2 \cdot 4{,}1\,cm) \cdot 2$

$+ (2\,cm \cdot 2\,cm) - \pi (1\,cm) \cdot 2 \approx 70\,cm^2$

Klassenarbeit 6.1

Seite 101/102

1.

Radius r	6 cm	4,2 cm	4,5 cm	$\sqrt{\frac{30}{\pi}}\,cm$ ≈ 3,1 cm
Durchmesser d	12 cm	8,4 cm	9 cm	$\sqrt{\frac{120}{\pi}}\,cm$ ≈ 6,2 cm
Umfang u	$12\pi\,cm$ ≈ 37,7 cm	$8{,}4\pi\,cm$ ≈ 26,4 cm	$9\pi\,cm$ ≈ 28,3 cm	$\sqrt{120\pi}\,cm$ ≈ 19,4 cm
Flächeninhalt A	$36\pi\,cm^2$ ≈ $113\,cm^2$	$17{,}6\pi\,cm^2$ ≈ $55{,}4\,cm^2$	$20{,}25\pi\,cm^2$ ≈ $63{,}6\,cm^2$	$30\,cm^2$

(je 1 Punkt pro richtigem Feld)

2. a) 1. wird halbiert, 2. verdreifacht (je 1 Punkt)

b) 1. wird vervierfacht, 2. wird verkleinert auf ein Hundertstel, 3. wird versechzehnfacht. (je 1 Punkt)

3. a) $u = 4\pi\,cm \approx 12{,}6\,cm$ (2 Punkte)

$A = \frac{1}{2}\pi \cdot (4\,cm)^2 - (4\,cm)^2 \approx 9{,}1\,cm^2$ (2 Punkte)

b) $u = 2\pi a\,cm$ (2 Punkte)

$A = \frac{1}{2}a^2 + \pi\left(\frac{a}{2}\right)^2 = \frac{1}{2}a^2\left(1 + \frac{\pi}{2}\right)$ (2 Punkte)

4. a) $40\,070 : \pi \approx 12\,755\,km$ (1 Punkt)

b) Erdradius ≈ 6 377,33857 km

$40\,070{,}003 : (2\pi) \approx 6\,377{,}33905$, d. h. ca. 48 cm Platz unterm Seil zum Durchkriechen (3 Punkte)

c) $6\,377{,}34037\,km \cdot 2\pi \approx 400\,700\,113\,km$, d. h. das Seil müsste um etwa 11,3 m verlängert werden. (2 Punkte)

5. a) etwa: „Die Wurzel aus einer Zahl a ist diejenige nichtnegative Zahl, die mit sich selbst multipliziert a ergibt." (2 Punkte)

b) 13; nicht definiert; $\frac{9}{16}$; 0,06 (je 1 Punkt)

Zum Nacharbeiten					
Aufgabe	1	2	3	4	5
Schulbuch, Seite	231–238	231–238	231–238	231–238	195–198

Klassenarbeit 6.2

Seite 103/104

1.

h	6 cm	11,2 cm	8 cm	11 cm
r	5 cm	0,9 cm	3,8 cm	4 cm
O	$110\pi\,cm^2$ ≈ $346\,cm^2$	$21{,}78\pi\,cm^2$ ≈ $68{,}4\,cm^2$	$280\,cm^2$	$120\pi\,cm^2$
V	$150\pi\,cm^3$ ≈ $471\,cm^3$	$9{,}072\pi\,cm^3$ ≈ $28{,}5\,cm^3$	$360\,cm^3$	$176\pi\,cm^3$ ≈ $553\,cm^3$

(je 1 Punkt pro richtiges Feld)

2. a) $V = \frac{1}{2}a^3$ **b)** $V = \frac{1}{2}a^3$ **c)** $V = \frac{\pi}{4}a^3$ (je 3 Punkte)

3. 1. wahr;
2. wahr;
3. Falsch, denn nicht jedes Rechteck ist ein Quadrat;
4. Falsch, denn die Grundfläche kann z. B. ein Dreieck sein; (je 1 Punkt)

4. a) 1. Platz: $12 \cdot 60\,cm = 7{,}20\,m$

2. Platz: $8 \cdot 60\,cm + 4 \cdot 40\,cm = 6{,}40\,m$

3. Platz: $8 \cdot 60\,cm + 4 \cdot 20\,cm = 5{,}60\,m$

Gesamtlänge 19,20 m bzw. 18,00 m (ohne Doppelkanten zwischen 2 | 1 bzw. 1 | 3) (3 Punkte)

b) Podestfläche: $3 \cdot (60\,cm)^2 = 1{,}08\,m^2$

Seitenflächen: $2 \cdot 60\,cm \cdot (40\,cm + 20\,cm) = 0{,}72\,m^2$

Vorder-/Rückseite:

$2 \cdot (40\,cm \cdot 60\,cm + 60\,cm \cdot 60\,cm + 20\,cm \cdot 60\,cm) = 1{,}44\,m^2$

Materialbedarf gesamt: $3{,}24\,m^2$ (3 Punkte)

c) $V = G \cdot h = 0{,}72\,m^2 \cdot 0{,}60\,m = 0{,}432\,m^3$ (3 Punkte)

5. a) $5 < \sqrt{32} < 6$, denn $5^2 = 25 < 32 < 36 = 6^2$

b) $13 < \sqrt{186} < 14$, denn $13^2 = 169 < 186 < 196 = 14^2$

c) $99 < \sqrt{9\,999} < 100$, denn $99^2 = 9\,801 < 9\,999 < 10\,000 = 100^2$

d) $-22 < -\sqrt{444} < -21$,

denn $-22^2 = -484 < -444 < -441 = -21^2$ (je 1 Punkt)

Zum Nacharbeiten					
Aufgabe	1	2	3	4	5
Schulbuch, Seite	258–259, 261–264	243–246, 251–255	243–246	243–246, 251–255	197–198